NOTIONS

ÉLÉMENTAIRES

DE STATIQUE.

Se vend aussi à BORDEAUX,
Chez GASSIOT fils aîné, Fossés de l'Intendance, n° 61.

IMPRIMERIE DE HUZARD-COURCIER,
rue du Jardinet, n° 12.

NOTIONS

ÉLÉMENTAIRES

DE STATIQUE

destinées

AUX JEUNES GENS QUI SE PRÉPARENT POUR L'ÉCOLE POLYTECHNIQUE,

OU QUI SUIVENT LES COURS DE L'ÉCOLE MILITAIRE DE S^T.-CYR.

PAR J.-B. BIOT,

Membre de l'Académie des Sciences et du Bureau des Longitudes, Professeur de Physique mathématique au Collége de France, et d'Astronomie à la Faculté des Sciences de Paris ; Inspecteur des Écoles militaires ; Membre des Sociétés royales de Londres et d'Édimbourg ; de l'Académie impériale de Saint-Pétersbourg ; des Académies royales de Stockholm, Turin, Munich, Lucques, Berlin, Naples, Catane et Palerme ; Membre honoraire de l'Université de Wilna, de l'Institution royale de Londres, de la Société philosophique de Cambridge, Astronomique de Londres, des Antiquaires d'Écosse, de la Société pour l'avancement des Sciences naturelles de Marbourg, de la Société Helvétique des Sciences naturelles, de la Société de Médecine d'Aberdeen, Météorologique de Londres ; de la Société Italienne résidante à Modène, et de l'Académie américaine des Sciences et Arts de Boston.

Parva sed apta.

PARIS,

BACHELIER, SUCCESSEUR DE Mme Ve COURCIER,

LIBRAIRE POUR LES MATHÉMATIQUES,

QUAI DES AUGUSTINS, N° 55.

ET A BRUXELLES,

A LA LIBRAIRIE PARISIENNE, RUE DE LA MADELEINE, N° 438.

1829.

TABLE
DES MATIÈRES.

CHAPITRE PREMIER.

Notions préliminaires sur la constitution physique des corps matériels .... page 1

CHAPITRE II.

Notions du repos, du mouvement. Idée abstraite des forces, manière de les définir et d'exprimer leurs rapports 9

CHAPITRE III.

De l'équilibre produit par la composition de plusieurs forces appliquées à un même point matériel 16

CHAPITRE IV.

Composition de deux forces parallèles appliquées aux extrémités d'une droite rigide et agissant dans le même sens 25

CHAPITRE V.

Composition de deux forces parallèles appliquées aux extrémités d'une droite rigide et agissant dans des sens opposés 38

CHAPITRE VI.

Composition de deux forces concourantes, appliquées simultanément à un même point matériel, page 47

CHAPITRE VII.

Conséquences générales des théorèmes précédens.

Composition d'un nombre quelconque de forces parallèles appliquées à un corps solide; application à la pesanteur....... 63

Détermination théorique du centre de gravité des surfaces et des solides. 75

Centres de gravité des parallélogrammes, trapèzes, triangles, parallélépipèdes, prismes et pyramides de densité uniforme. 77

Application de la théorie précédente à diverses questions physiques. 102

CHAPITRE VIII.

Composition d'un nombre quelconque de forces concourantes appliquées à un même point matériel. 110

CHAPITRE IX.

Composition d'un nombre quelconque de couples agissant simultanément sur un corps solide 116

CHAPITRE X.

Applications des principes précédens à la recherche des conditions d'équilibre des corps solides. 128

CHAPITRE XI.

Les Machines..................... page 139
Le Levier 141
Le Trenil 156
Le Cabestan...................... 161
Le Plan incliné...................... *ibid.*
La Vis...................... 173
Les Cordes...................... 185
Les Poulies et les Moufles 212

FIN DE LA TABLE DES MATIÈRES.

Errata.

Page 99, ligne 12, B., *lisez* B
102, 11, SB, *lisez* SC
166, 15, fig. 91 et 93, *lisez* fig. 92 et 93

AVANT-PROPOS.

Lorsque l'on considère les nombreux per-
fectionnemens et l'extension considérable que
l'enseignement des Mathématiques élémentaires
a reçus en France, depuis environ trente années,
on doit être surpris de voir que les premières
notions de l'équilibre et du mouvement, qui
sont cependant si universellement utiles, y
soient aussi négligées. On a mis, à la vérité,
la Statique au nombre des connaissances préliminaires exigées pour l'École Polytechnique ;
mais l'on s'y arrête à peine dans les examens
d'admission ; et elle fait partie des Cours de
Saint-Cyr ; mais elle y a été jusqu'ici enseignée
d'une manière très superficielle et très incom-
plète. Cela est d'autant plus surprenant, qu'il
existe de très bons Traités élémentaires sur
cette science, et qu'aucune autre ne convient
mieux qu'elle pour former le passage des mathématiques abstraites aux applications. Un
Cours de Statique élémentaire bien fait ramène
sans cesse et nécessite les théorèmes provenant
de la Géométrie et de la Trigonométrie abstraite,
conjointement avec les principes de la Physique. En effet, comment exposer la détermination des centres de gravité, sans donner

a

les caractères de la pesanteur? et comment
déterminer ces caractères, sans rappeler les
expériences qui les constatent? Comment les
appliquer et montrer leur accord avec ceux
des forces parallèles, sans remonter à la constitution physique des corps pesans, telle que
l'expérience nous la démontre? La première
notion des forces est elle-même une abstraction à laquelle on ne peut s'élever d'une manière logique, sans décomposer, par la pensée, les corps dans leurs élémens matériels,
et rappeler les caractères sensibles de la matérialité. Passez-vous aux appareils de transmission des forces, c'est-à-dire aux machines?
Vous ne pouvez parler de leviers, de poulies,
de cordes, de plans inclinés, de vis, sans rappeler en même temps les phénomènes de flexibilité, de résistance, d'extensibilité, de frottement, qui, dans les applications, modifient et
limitent les conséquences purement mathématiques de la combinaison des forces. Que
sera-ce si vous devez entrer dans la recherche
des règles de l'Hydrostatique et des lois du
mouvement? Vous y passerez toute la Physique
en revue, de la manière la plus fructueuse
comme la plus intéressante, puisque tous les
résultats que les expériences fournissent étant
ainsi analysés, se revêtiront de la rigueur des
idées abstraites, et se fixeront par des nombres.

En me représentant ces avantages, et regrettant de voir qu'ils fussent si peu introduits dans l'enseignement élémentaire, j'ai été conduit à penser que cela pourrait bien être résulté de leur nature mixte, qui, pour les faire ressortir dans un Cours, exige du professeur beaucoup plus de connaissances en Physique expérimentale, de connaissances très précises et même très profondes, que n'ont ordinairement occasion d'en acquérir les personnes auxquelles l'enseignement de la Statique est communément confié dans les établissemens d'instruction. Alors le professeur expliquant aux élèves la Statique abstraite, sous la forme mathématique que les géomètres lui ont donnée dans les Traités spéciaux de cette science, ce n'est, pour ainsi dire, qu'une continuation des Cours de Mathématiques pures, dans laquelle l'application des résultats abstraits aux réalités physiques échappe on ne peut offrir aucune netteté. Cette liaison même devient alors une difficulté de plus pour les élèves, et une difficulté en pure perte, puisqu'elle ne pourrait leur devenir utile qu'à l'aide d'une précision de connaissances physiques qu'ils n'ont pas pu acquérir antérieurement, eussent-ils même suivi déjà un Cours de Physique expérimentale ; car, sans notions précises de Statique, un tel Cours ne peut parler qu'aux yeux. La conséquence est donc qu'il faut que ces deux enseignemens soient unis et menés de front, au moins dans ce qu'ils ont de commun. C'est ce que j'ai tâché de faire dans le petit ouvrage qu'on va lire.

Je l'ai composé par l'extrême désir que j'avais de voir l'enseignement élémentaire de la Statique s'établir solidement dans l'École de Saint-Cyr, avec tous les avantages et toute l'utilité que je lui conçois. J'ai dû, en conséquence, me borner à ce que les études admises dans cet établissement exigeaient. C'est aussi autant, ou même beaucoup plus, que ce que l'on demande de Statique pour l'admission à l'École Polytechnique. S'il arrivait que les idées qui m'ont guidé fussent approuvées par les professeurs, je pourrais dans une édition subséquente, étendre cet Essai aux premières notions de l'Hydrostatique et des lois du mouvement, en suivant toujours la même méthode d'union entre les abstractions et les réalités.

Nointel, 15 octobre 1828.

NOTIONS

ÉLÉMENTAIRES

DE STATIQUE.

CHAPITRE PREMIER.

Notions préliminaires.

1. Les géomètres considèrent l'*étendue* comme indéfinie en trois dimensions, longueur, largeur et profondeur, et ils appellent *corps géométriques* des portions finies de cette étendue, limitées par des plans, lignes et surfaces. Comme cette limitation est purement idéale, rien n'empêche que l'étendue géométrique ne soit traversée en tous sens par de pareils corps, et alors on dit que les lignes ou surfaces se coupent, ou que les solides se pénètrent, dans les points de l'espace qui leur sont communs.

Les *corps physiques* réels, tels que la nature nous les présente, partagent avec les corps géométriques les propriétés de l'étendue; mais ils en diffèrent essentiellement par l'impossibilité d'exister simultanément dans les mêmes points de l'espace, propriété que l'on appelle l'*impénétrabilité*. L'étendue et l'impénétrabilité sont deux propriétés qui constituent, pour nous, les *corps naturels*, parce qu'elles suffisent pour nous annoncer

1

et pour nous prouver leur existence, extérieure à nous-
mêmes.

2. Nous ne pouvons exercer aucune action physique,
nous ne pouvons faire aucun mouvement propre dans
l'espace qui nous environne, sans éprouver la réalité de
ces définitions. J'avance mon bras dans l'obscurité; il
rencontre un obstacle qui l'empêche de s'étendre. Ma
main, promenée sur cet obstacle, trouve qu'il est
limité; qu'il finit à certains endroits, commence à
d'autres, et qu'autour de lui l'espace est libre; j'en
conclus que cet obstacle existe ou paraît exister hors
de moi, dans une certaine portion de l'espace de laquelle son existence m'exclut. D'après cela, je l'appelle
un corps. Le premier de ces phénomènes, *la limitation*,
est le caractère de *l'étendue figurée*, c'est-à-dire douée
d'une forme. Le second, l'exclusion des autres corps, est
le caractère que l'on désigne sous le nom d'*impénétrabilité*.
La notion première de celui-ci nous est donnée, comme
je viens de le dire, par la sensation du tact. L'observation nous apprend ensuite que les corps, dont l'existence
actuelle nous exclut de certains points de l'espace, s'en
excluent aussi mutuellement. Enfin, le raisonnement,
guidé par ces faits, nous découvre que la même propriété subsiste encore dans des circonstances où l'épreuve
du tact serait infiniment trop grossière pour servir à la
reconnaître; nous nous élevons ainsi à cette idée générale : l'impénétrabilité consiste en ce que deux portions distinctes de matière ne peuvent jamais s'identifier
l'une dans l'autre, de manière à coexister dans les
mêmes points de l'espace.

L'exemple suivant présentera tous les pas que fait
notre esprit pour arriver à cette généralisation. L'obstacle que notre main rencontre, et dont l'existence se
manifeste à nous par l'exclusion qu'il nous donne, est

je suppose, une masse d'eau glacée. Dans ce cas, nous reconnaissons immédiatement sa matérialité par le tact. Maintenant, voilà que cette glace vient à se fondre et à se résoudre en eau liquide. Alors, si nous essayons d'y plonger la main, elle nous fait place et s'ouvre devant nous sans résistance apparente. Serait-elle donc devenue pénétrable? Oui, sans doute, si nous considérons son ensemble, qui a cessé de faire un tout compacte, mais nullement si nous considérons ses parties; car, lorsque le vase qui la contient est terminé par un col étroit, on voit le niveau s'élever dans ce col, quand on pénètre la masse de l'eau, en y plongeant le doigt ou tout autre corps. Les parties de l'eau ne se laissent donc pas réellement pénétrer dans cette expérience; elles sont seulement déplacées par le corps qui les pousse, et sont transportées ailleurs. Cela est si vrai, qu'au lieu de céder, elles résisteront, et d'une manière presque invincible, si on leur ôte la possibilité de s'échapper, comme on peut le faire en renfermant l'eau dans un vase cylindrique et s'efforçant d'y faire pénétrer un piston qui remplisse exactement toute la section du cylindre. Maintenant, chauffez cette même eau jusqu'à la faire bouillir; elle se convertira en vapeurs, qui seront un air transparent, impalpable, dont les parties seront si petites que vous ne les verrez plus, et si légères, que le tact ne pourra vous en donner la moindre sensation, tant elles se déplaceront avec facilité devant les corps que vous tenterez de plonger parmi elles; mais elles ne seront pas, pour cela, devenues individuellement plus pénétrables; car, si vous les enfermez encore, comme tout à l'heure, dans un cylindre, elles résisteront à la compression simultanée; et, plutôt que de se laisser pénétrer par le piston qui les pousse, ou de se pénétrer elles-mêmes, elles se rapprocheront seulement les unes des autres, jusqu'à se rassembler de nouveau en un liquide, malgré la grande force d'expansion qui leur est donnée par la chaleur.

Notre esprit reconnaît donc encore ici la même propriété que le tact nous rendait sensible lorsque les parties de l'eau formaient un corps solide par leur réunion.

Mais ce n'est pas là, à beaucoup près, le dernier terme d'abstraction où nous puissions la suivre. Nous sommes obligés d'admettre l'impénétrabilité, dans des circonstances tellement délicates, et de l'attribuer à des parcelles de matière si subtiles, que notre imagination peut à peine aller à les concevoir. L'expérience nous conduit ainsi à reconnaître que tous les corps naturels d'une étendue sensible consistent dans l'assemblage d'une multitude infinie de particules matérielles qui sont individuellement étendues et impénétrables. La seule diversité du mode d'agrégation de ces particules fait que le système entier, ou le *corps* qu'elles composent, est accidentellement *solide*, ou *liquide*, ou *gazeux*; et de là résultent également les autres propriétés physiques accidentelles, par exemple, les degrés divers de *dureté*, de *mollesse*, d'*élasticité*, etc.

3. Dans tous les phénomènes que les corps matériels ainsi constitués nous présentent, les molécules qui les composent se comportent comme autant de masses *inertes*, c'est-à-dire dépourvues de toute espèce de spontanéité; elles peuvent être mues, déplacées, arrêtées par des causes extérieures étrangères à elles-mêmes; mais jamais nous n'y découvrons aucune trace d'une volonté propre et libre. Si la bille qui roule sur le tapis d'un billard, en vertu de l'impulsion qu'on lui a donnée, ralentit peu à peu la vitesse de son mouvement,

et enfin s'arrête, c'est uniquement par la continuelle résistance que lui opposent les aspérités du drap sur lequel elle frotte, et les molécules de l'air à travers lequel elle se meut. Rendez le drap plus doux, la même impulsion fera mouvoir plus long-temps la bille; substituez-y un plan de marbre poli et des bandes formées par des fils métalliques tendus, dont l'élasticité soit plus parfaite, la durée du mouvement deviendra incomparablement plus grande, ce qui indique qu'elle serait indéfinie, si les obstacles étaient tout à-fait ôtés. La pierre que nous lançons du haut d'une tour, et qui, sollicitée en même temps par cette impulsion et par la pesanteur, va tomber à une certaine distance, usé de même progressivement sa vitesse horizontale, en la partageant avec les molécules d'air qu'elle choque, et les refoulant les unes sur les autres. Mais concevez que cet air n'existât point, et que la force de l'impulsion fût assez énergique pour éloigner la pierre de la terre, par son mouvement tangentiel, autant que la pesanteur tend à la faire descendre à chaque instant, la pierre alors décrirait un cercle autour de la terre; et, comme rien ne l'arrêterait dans son cours, elle circulerait ainsi éternellement. C'est là en effet ce qui arrive à la lune, que nous savons se mouvoir dans le vide autour de la terre; et nous voyons également se perpétuer les mouvemens des autres corps planétaires qui parcourent de même un espace dépourvu de toute matière résistante. Tout nous porte donc à croire que la matière ne peut, par elle-même, se donner ni s'ôter le mouvement ou le repos; et qu'une fois dans l'un ou l'autre de ces états, elle y persévérerait éternellement, si aucune cause étrangère ne venait agir sur elle. Cette indifférence, ce défaut de spontanéité, a reçu le nom d'*inertie*. Une seule classe de corps semble y faire exception, ce sont ceux des êtres que l'on appelle *animés*, qui se meuvent ou s'arrêtent par l'effet d'une volonté intérieure ; mais, dans ceux-là encore, les molécules matérielles qui composent leurs parties, et leurs parties mêmes, sont absolument inertes. C'est leur ensemble qui possède la qualité d'être animé ; séparées, elles ne vivent plus et rentrent dans les lois ordinaires de tous les autres corps.

Nous sommes dans une obscurité absolue sur la cause de cette différence, et nous ignorons complètement ce qui détermine l'état de vie ; mais, voyant dans toutes les autres circonstances la matière dépourvue de spontanéité, et reconnaissant que, même dans les êtres vivans, elle perd encore cette faculté par la mort et le sommeil, nous sommes conduits à la regarder comme étrangère à son essence, et ramenant ce cas aux lois ordinaires, nous concevons la volonté des êtres animés comme l'acte d'un principe intérieur et immatériel qui réside en eux. A la vérité, nous ne pouvons pas dire dans laquelle de leurs parties ce principe réside, ni en quoi il consiste ; encore moins comment, immatériel, il peut agir sur la matière. Mais, pour peu que nous ayons réfléchi sur nous-mêmes, et que nous ayons observé avec quelque attention les œuvres de la nature, ces obscurités, malheureusement trop ordinaires, où nous laisse l'imperfection de nos connaissances, ne doivent jamais être pour nous le fondement d'une objection contre l'essence des choses que nous sommes toujours réduits à ignorer. Ainsi nous agissons philosophiquement, dans cette circonstance comme dans toute autre, en nous rapprochant des analogies et en faisant dépendre le mouvement des corps animés d'une cause étrangère à leur matière, puisque nous trouvons la matière inerte dans tous les autres cas où nous pouvons l'éprouver. On apporte encore, dans les écoles de Philosophie, une autre raison pour attribuer la spontanéité à un principe immatériel; c'est que la volonté, par la nature même de ses actes, ne peut émaner que d'un être simple, et par conséquent, ne peut pas appartenir à un être essentiellement composé, ou au moins divisible et décomposable, comme la matière; mais ce motif métaphysique sortant de nos considérations ordinaires, nous nous bornerons à l'énoncer. Pour toutes les recherches expérimentales, il nous suffira d'admettre l'immatérialité du principe de la volonté comme une distinction fondée sur l'analogie, et l'*inertie* de la matière comme une propriété générale dans l'état actuel de l'univers.

4. L'expérience fait encore découvrir dans la matière plusieurs autres propriétés également *contingentes*, c'est-à-dire qui semblent n'être pas absolument indispensables pour que les corps matériels se manifestent à nos sens, mais dont cependant la connaissance est très importante, parce qu'on les trouve toujours unies avec les conditions primitives de la matérialité; de sorte qu'elles peuvent suppléer à ces conditions, dans un grand nombre de circonstances où il devient impossible de les observer. Telle est, par exemple, la *pesanteur*. Parmi les corps naturels dont on peut constater la matérialité, on n'en trouve absolument aucun qui ne soit pesant, c'est-à-dire qui ne tende à tomber vers la terre, quand on l'abandonne à lui-même. Puis donc que ces deux propriétés, la matérialité et la pesanteur, paraissent s'accompagner toujours, la présence de l'une nous suffit pour juger, par induction, que l'autre existe. Ainsi, quoique nous ne puissions ni voir ni toucher l'air, comme nous voyons et touchons les autres corps, cependant nous pouvons juger que c'est

une substance matérielle, parce qu'il est pesant, coercible dans des vases, et qu'il produit beaucoup d'autres phénomènes, tous pareils à ceux qu'un fluide pesant doit produire. L'examen approfondi de ces propriétés nous apprend ensuite qu'il existe des espèces d'air très diverses, qui sont tous autant de substances essentiellement distinctes les unes des autres, par les actions qu'ils font éprouver aux autres corps, et par celles que ceux-ci exercent sur eux.

CHAPITRE II.

Notions du repos, du mouvement. Idée abstraite des forces, manière de les définir et d'exprimer leurs rapports.

5. Les molécules matérielles qui composent les corps étant envisagées *dans l'état inerte*, et comme uniquement susceptibles d'obéir avec une complète indifférence aux causes extérieures qui peuvent les solliciter, il en résulte, dans les phénomènes que leur agrégation présente, certaines *conditions nécessaires*, qui s'appliquent à tous les corps, indépendamment de la nature chimique de leurs parties constituantes, comme étant de simples conséquences de leur matérialité. Telles sont les *lois générales de l'équilibre et du mouvement* que l'on déduit en effet mathématiquement de la seule propriété de l'inertie. L'enseignement offert ici aux élèves a seulement pour objet une très petite partie et la plus simple de cette déduction; mais il est nécessaire de leur en donner une idée générale, pour qu'ils puissent comprendre le but et les applications pratiques de la limitation à laquelle nous voulons nous borner.

6. Cet exposé ne peut se faire avec la rigueur géométrique, si l'on ne fixe d'abord avec précision certaines notions fondamentales qui y reviennent sans cesse, telles que celles de *repos, mouvement, force*. Nous avons, il est vrai, déjà employé ces expressions comme faisant partie de l'usage ordinaire; il devient à présent nécessaire de leur donner, pour toujours, un sens fixe et assuré.

Commençons par définir le lieu où les phénomènes se produisent. Pour cela, concevons un espace sans bornes, immatériel, immuable, et dont toutes les parties, semblables entre elles, soient librement pénétrables à la matière. Qu'il existe ou non, dans la nature, un pareil espace, peu nous importe; il figure seulement pour nous l'étendue abstraite et indéfinie. Plaçons-y les molécules, élémens matériels des corps, et considérons d'abord en elles le seul fait de leur existence. Ce simple fait sera susceptible de deux modifications distinctes; il se pourra que la même molécule persiste invariablement dans son lieu actuel, ou que, par l'influence de causes extérieures, elle le quitte pour passer dans quelque autre partie de l'espace. Le premier de ces deux états constitue le *repos absolu*, le second le *mouvement*.

Mais nous pouvons concevoir encore que deux ou plusieurs molécules soient déplacées simultanément d'un mouvement commun, en gardant, l'une à l'égard de l'autre, leurs positions respectives. Alors, si on les considère dans leurs rapports avec l'espace immuable, elles seront réellement en mouvement absolu; mais si on les considère uniquement dans leurs rapports mutuels, ceux-ci resteront les mêmes que si le groupe entier était demeuré en repos; et, s'il existait sur l'une d'elles un être intelligent qui observât toutes les autres, il ne pourrait, d'après cette observation seule, décider si le système total se meut ou ne se meut pas. Cette permanence de relations, au milieu d'un mouvement commun, s'exprime par la dénomination de *repos relatif*. Tel serait le cas de plusieurs corps que l'on concevrait posés dans un bateau abandonné au cours d'une rivière tranquille. Tel est encore le cas de tous les corps terrestres lorsqu'ils restent invariablement fixés au même point du sol. Ils sont en repos

entre eux ; mais la terre, qui tourne journellement sur
elle-même, leur imprime une rotation commune, et en
même temps elle les emporte tous dans son orbite autour du soleil, lequel emporte peut-être à son tour la
terre et tout le cortége des planètes vers quelque cons-
tellation éloignée. Le repos relatif est donc vraisem-
blablement le seul qui existe en effet dans ce système ;
c'est du moins le seul que nous puissions être assurés d'y
observer.

Ceci nous conduit à faire une spécification analogue
pour le mouvement, et à distinguer les *mouvemens absolus* des corps, considérés relativement à l'espace immuable, d'avec les changemens de position relative qui
peuvent survenir entre eux. Ces derniers se nommeront
donc des *mouvemens relatifs*, soit que celui des corps
du système auquel on les rapporte se trouve lui-même en
mouvement ou en repos. Par exemple, les variations
de position des astres, telles que nous les apercevons
de la surface terrestre, ne sont pas des mouvemens absolus, mais relatifs, parce que la terre, à laquelle nous
les rapportons comme à un centre fixe, a réellement
un mouvement de rotation diurne, et un mouvement
annuel de circulation autour du soleil. Même lorsque,
par le calcul, nous arrivons à conclure de ces observa-
tions les mouvemens réels des astres, tels qu'on les
verrait du centre du soleil, nous ne pouvons pas encore affirmer que ce soient là des mouvemens absolus,
puisqu'il se peut que le soleil et tout notre système
planétaire se déplacent ensemble dans l'espace.

7. D'après l'idée que l'expérience nous a donnée de
l'inertie, nous devons envisager l'état de mouvement
et celui de repos comme de simples accidens de la matière, qu'elle ne peut pas se donner elle-même, et
qu'elle ne peut pas changer une fois qu'elle les a reçus.

Conséquemment, lorsque nous la voyons passer d'un de ces états à l'autre, nous devons concevoir ce changement comme produit et déterminé par l'action de causes extérieures. Ces causes, quelles qu'elles puissent être, se désignent généralement par le nom de *forces*. La nature nous en offre une infinité, qui sont, au moins en apparence, de différentes espèces; telles sont les forces produites par les muscles et les organes des animaux vivans, dont l'exercice dépend, pour un grand nombre, uniquement de leur volonté; telles sont encore celles que produisent les agens physiques, comme l'expansion des corps par la chaleur, leur condensation par le refroidissement, etc. Il y en a d'autres qui semblent inhérentes à certains corps, ou dépendantes de certaines modifications momentanées qu'on leur imprime; telle est, par exemple, l'attraction mutuelle de l'aimant et du fer, ou celle qui s'exerce entre les corps électrisés. Ce sont encore des forces du même genre qui produisent la chute des corps vers la terre, les affinités chimiques, et la tendance des planètes vers le soleil. On ignore absolument la nature intime de ce genre de forces, et l'on ne saurait décider si elles sont étrangères à la matière, ou propres et attachées à son essence; néanmoins il est utile et philosophique de les en séparer par la pensée, afin de n'avoir plus à considérer dans la nature physique que des masses inertes sollicitées par des causes de mouvement.

8. En outre, si nous observons d'abord des corps qui aient un volume sensible, leurs mouvemens ne seront pas, en général, des effets simples, mais ils seront les résultats composés de toutes les forces qui agissent simultanément sur leurs divers points. On voit donc que, pour analyser l'action même des forces, il faut nous débarrasser de cette complication : et c'est ce

que nous ferons, en considérant d'abord simplement *une seule force agissant sur un point matériel dont nous supposerons le volume infiniment petit.*

9. Dans ce cas, on caractérise et l'on définit chaque force d'après les circonstances particulières à son mode d'action. Il faut d'abord assigner le *point matériel* auquel elle est appliquée, et la *direction* suivant laquelle elle s'exerce. On doit considérer ensuite que toutes les forces n'ont pas un égal pouvoir, puisque nous voyons que le même corps, poussé, choqué, ou en général sollicité par elles, de la même manière, en est inégalement affecté. Ainsi, il est évident, par exemple, que l'impulsion produite contre une muraille par un boulet que lance une pièce de 24, a une autre puissance que le choc d'une balle de paume lancée par la raquette d'un joueur. Il faut donc, pour définir chaque force, assigner son énergie relative, ou, suivant l'expression technique, *son intensité*. A cet effet, on conçoit arbitrairement une certaine force dont on prend l'intensité pour unité, et l'on exprime par 1 celle de toute *force égale* à celle-là, c'est-à-dire qui, *étant appliquée en sens contraire sur le même point matériel, détruirait exactement l'effet de la première, et maintiendrait ainsi ce point en repos.* On conçoit ensuite deux ou plusieurs forces pareilles agissant ensemble, et dans un même sens, sur un même point matériel; et l'on dit que la force composée qui en résulte a *une intensité double, triple, quadruple, ou, en général, multiple de la première, selon le nombre de forces dont elle est formée;* de sorte que *les intensités se* trouvent exprimées par ces *nombres mêmes;* ou, si l'on veut, on peut aussi les représenter par des *lignes droites* de diverses grandeurs, proportionnelles aux nombres qui les expriment.

Il est vrai que, pour *réaliser* ces comparaisons et les appliquer physiquement, il faut savoir déterminer, pour chaque force, le rapport de son intensité avec l'énergie des mouvemens qu'elle est capable d'imprimer à un même corps. Ce rapport ne se peut déduire ni de la définition précédente des forces, ni même de la seule considération abstraite de l'étendue et de l'impénétrabilité; il faut, pour le conclure, recourir à l'expérience même, en analysant les mouvemens composés qui ont lieu sous l'influence simultanée de plusieurs forces dans l'univers actuel, et les comparant à ceux que chacune de ces forces produirait si elle agissait isolément. Cette recherche délicate exige des calculs d'un ordre beaucoup trop relevé pour trouver place ici; mais on doit concevoir, par ce qui précède, qu'elle ne devient nécessaire que lorsque l'on veut considérer des phénomènes de mouvement, et nous n'aurons pas l'occasion d'aller jusque là.

Enfin, pour achever de définir une force, il faut faire connaître si son action est subite et instantanée, comme un simple choc qui ne se répète point, ou si elle est réitérée et durable, comme la pesanteur qui continue d'agir sur le corps qui tombe avec autant d'énergie que lorsqu'il commence à se mouvoir. Ce second mode d'action peut évidemment se ramener au premier, en substituant à la continuité de la force une succession d'actions séparées les unes des autres par des intervalles de temps insensibles, et toutes égales entre elles, si l'énergie de la force qu'il faut représenter est constante, ou progressivement variables d'intensité si cette force varie.

Par cet artifice, qui n'ôte rien à la rigueur des conséquences, on n'a plus à considérer que l'effet d'impulsions subites, imprimées à des molécules matérielles absolument inertes, soit en repos, soit en mouvement. Mais cette distinction ne devient nécessaire que pour la considération des phénomènes où les corps sollicités par les forces sont mus sous leur influence et déplacés dans l'espace. Ne devant pas traiter de tels phénomènes, nous n'aurons pas à en faire usage ; et par là, comme par ce qui a été dit dans le précédent paragraphe, on peut voir que le *point d'application* de chaque force, sa *direction* et son *intensité relative*, seront toujours les trois seuls élémens que nous aurons à considérer.

CHAPITRE III.

*De l'équilibre produit par la composition de plusieurs
forces appliquées à un même point matériel.*

10. Lorsqu'une seule force est appliquée à un point
matériel libre, il est évident que ce point, en vertu
de son inertie, doit se mouvoir suivant la direction de
la force et sur son prolongement. Mais lorsque plusieurs forces agissent simultanément sur un même
point matériel, ou sur un système de pareils points,
il se présente deux cas qu'il est nécessaire de distinguer. Il est possible que l'ensemble des forces agissantes communique des mouvemens au système; mais
il peut arriver aussi que leurs efforts s'entre-détruisent, et alors le système demeurera en repos. *Le repos
ainsi produit par la compensation de plusieurs forces
actives, se désigne sous le nom d'équilibre,* pour le
distinguer du repos inerte produit par l'absence de
toute force motrice, quoique ces deux états ne diffèrent en rien, quant aux apparences.

L'état d'équilibre étant particulier et unique parmi
tous les mouvemens possibles, on conçoit qu'il exige
entre les directions des forces, leurs intensités et les
positions de leurs points d'application, certaines relations spéciales, sans lesquelles il n'aurait pas lieu. Ces
relations se nomment les *conditions d'équilibre*, et leur
recherche est l'objet d'une branche des Mathématiques
que l'on appelle la *Statique;* c'est celle dont nous allons
nous occuper.

L'énoncé qui précède semble ne s'appliquer qu'à des corps tout-à-fait libres dans l'espace. Cependant on peut concevoir, on peut même remarquer expérimentalement, beaucoup de cas d'équilibre dans lesquels les corps sont assujettis à certaines conditions par lesquelles leur liberté est limitée, comme, par exemple, à ne pouvoir que tourner autour d'un point ou d'un axe fixes, ou à s'appuyer constamment sur une surface indéfiniment résistante et impénétrable. Mais ces particularités, plus compliquées en apparence, peuvent toujours être ramenées à la simplicité des corps libres, en représentant par des forces spéciales, et convenablement appliquées, les réactions des obstacles auxquels les corps sont assujettis. Ainsi, lorsqu'une bille sphérique pesante se tient en équilibre sur le tapis horizontal d'un billard, on peut substituer par la pensée, à la résistance de ce plan, une force verticale, contraire et égale au poids de la bille, qui en compense à chaque instant l'effet. Au moyen d'une substitution analogue, mais plus ou moins facile, on n'a jamais à rechercher les conditions d'équilibre qu'entre des corps complètement libres dans l'espace.

Par le même motif de simplification, quoique tous les corps qui s'observent dans la nature soient pesans, on leur ôte par la pensée la pesanteur, que l'on considère comme une force distincte qui exerce, ainsi que toute autre, son influence dans les conditions de leur équilibre; et alors on n'a plus à considérer tous les corps que comme des systèmes matériels inertes et sans poids.

Ces principes posés, nous allons examiner successivement plusieurs cas d'équilibre très simples, et, pour ainsi dire, évidens par eux-mêmes, qui nous conduiront graduellement aux cas plus composés.

11. Soit un point matériel A, fig. 1ʳᵉ et 2ᵉ, sollicité *uniquement* par deux forces égales et contraires, que

nous représenterons par les droites égales AP, AQ, placées sur un même prolongement (9). Ce point sera *évidemment* en équilibre; car, en vertu de la complète symétrie des actions qui le sollicitent, il n'y a aucune raison pour qu'il se meuve dans un sens plutôt que dans un autre, vers P plutôt que vers Q. Ceci est également vrai, soit que les forces AP, AQ, tirent toutes deux le point A, comme la figure 1ʳᵉ l'indique par le sens des flèches appliquées aux directions des forces, ou le poussent, comme le représente la figure 2.

Pour abréger les énoncés, nous désignerons désormais les forces AP, AQ, ou toute autre quelconque, par les lettres P, Q,..., représentant les nombres qui expriment les rapports de ces forces à la force particulière prise pour unité (9).

12. La même raison de symétrie démontre également que l'équilibre aura lieu si les deux forces P et Q, supposées toujours égales et de directions contraires, sont appliquées simultanément aux deux extrémités d'une droite rigide et inextensible AB, fig. 3 et 4, de manière que leur direction coïncide avec celle de cette droite; car il n'y a aucune raison pour que la droite AB, ainsi sollicitée, se meuve vers P plutôt que vers Q.

Ce raisonnement ne s'appliquerait plus, si les deux forces, en conservant d'ailleurs tous leurs autres caractères d'opposition et d'égalité, n'étaient pas appliquées suivant la direction même de la droite rigide AB, mais obliquement à cette droite, comme le représentent les figures 5 et 6; car alors l'effort de P sur A n'étant pas directement égal et contraire à celui de Q sur B, la condition de symétrie permettrait à la droite AB d'obéir à l'action de l'une et l'autre force, en tournant autour de son centre C, qui seul resterait en repos.

13. Il importe de remarquer qu'à la rigueur une pa-

reille droite, complètement rigide et inextensible, n'existe point dans la nature, quoique la conception mathématique en soit souvent utile pour simplifier et faciliter les raisonnemens. Toutes les molécules de matière qui composent chaque corps naturel y sont seulement retenues dans un état de proximité plus ou moins intime, en vertu de forces physiques qui agissent entre elles, et non pas dans un état immédiat de contiguité. Ainsi, en tirant ou poussant ces particules par de nouvelles forces suffisamment énergiques, on doit pouvoir généralement les séparer davantage ou les rapprocher. C'est, en effet, ce qui a lieu ; car il n'y a aucun corps naturel qui ne soit compressible et extensible, même ceux qui, comme le fer et la pierre la plus dure, résistent le plus énergiquement à tout changement d'état. Mais, si l'expérience ne présente aucun corps où cette résistance soit complète, la pensée peut en concevoir, sauf à introduire dans les applications réelles les modifications particulières que nécessite cette abstraction. Ainsi, en Statique, on appelle *corps solides*, des systèmes de particules matérielles de forme quelconque, liées invariablement les unes aux autres ; et, lorsqu'on a démontré les lois abstraites de l'équilibre pour un pareil système, il reste encore à y faire les modifications convenables, si l'on veut les appliquer à des corps physiques réels. C'est ce qui est souvent fort difficile à faire avec rigueur, et l'on n'y parvient d'ordinaire que par des approximations, de l'exactitude desquelles il faut souvent se défier. Mais les lois d'équilibre trouvées pour les corps rigoureusement solides, n'en sont pas moins très utiles en elles-mêmes, parce qu'elles offrent la limite de celles qui doivent avoir lieu dans le cas des corps imparfaitement solides que la nature nous présente.

14. A l'aide d'une conception pareille, on démontre

qu'une force appliquée à un point matériel peut être considérée comme appliquée à tout autre point quelconque pris sur sa direction, pourvu que ce point soit lié au premier point d'application par une droite rigide et inextensible.

En effet, soit, fig. 7, A ce premier point, et AP ou P la force donnée; ayant pris un autre point A' quelconque sur sa direction, joignez-le avec A, et considérez AA' comme une droite rigide et inextensible de longueur constante. Cela fait, appliquez à l'extrémité A' deux forces contraires $+$ P, $-$ P, égales entre elles et à la force P, et agissant suivant la direction de AA'. Le point A de la droite rigide se trouvera encore sollicité de la même manière qu'auparavant; car l'effet absolu des deux forces auxiliaires $+$ P, $-$ P, appliquées en A', est nul de lui-même, puisque ces deux forces s'entre-détruisent; et ainsi leur introduction dans le système ne change rien aux phénomènes réels de mouvement et d'équilibre. Mais, si l'on considère séparément les forces $+$ P appliquée au point A, et $-$ P au point A', la droite AA' se trouvera en équilibre entre elles comme dans le § 12. On peut donc supprimer ces deux forces; et il ne reste plus que la force $+$ P appliquée au point A', laquelle n'est autre chose que la force primitive P transportée, et appliquée au point A' de sa direction.

Pour que l'introduction de la droite rigide ne change rien aux conditions du problème, il faut évidemment admettre qu'elle est une pure matière impénétrable, exempte de toute force propre, par exemple, qu'elle est tout-à-fait dépourvue de pesanteur; c'est ce qui devra toujours être convenu quand nous ferons usage de pareilles conceptions.

Tout le raisonnement qui précède serait encore vrai, si le point A, au lieu d'être libre, faisait partie d'un système matériel quelconque. Ainsi, dans ce cas général, on peut encore changer à volonté les points d'application de toutes les forces, et les porter sur d'autres points quelconques de leurs directions respectives, pourvu que ces nouveaux points soient liés aux premiers par autant de droites abstraites, rigides et inextensibles. Cette condition indispensable devra donc toujours être sous-entendue, quand nous supposerons un pareil transport; et ainsi nous pourrons nous dispenser de la répéter à chaque fois textuellement.

15. Considérons maintenant un point matériel A, fig. 8, sollicité à la fois par deux forces P et Q, agissant dans un même sens. Si l'on représente ces forces par les droites AP, PQ, proportionnelles à leurs intensités respectives, conformément aux conventions du § 9, je dis que le point A se trouvera sollicité comme il le serait par une seule force AQ égale à la somme P + Q des deux précédentes, et agissant dans la même direction.

En effet, prolongez QA du côté opposé au point A; puis, sur ce prolongement, appliquez une force unique Q ou AQ′, opposée aux précédentes et égale à leur somme, c'est-à-dire à AQ ou P + Q : il est évident que le point A sera réduit à l'état d'équilibre; car la portion P de AQ détruira la portion correspondante de Q′, et le reste de celle-ci sera détruit par la force Q. Ainsi le système des deux forces P et Q est équivalent à la seule force P + Q, qui agirait sur le même point qu'elles et suivant la même direction.

16. Réciproquement, si le point A est sollicité à la fois par deux forces P et Q agissant en sens contraire, fig. 9, il se trouve dans le même état que s'il était sollicité par une seule force P — Q agissant dans le sens de la plus grande P.

En effet, concevons la force P décomposée en deux autres P — Q et + Q; celle-ci détruira la force AQ dirigée en sens contraire; et ainsi il ne restera que la force P — Q agissant dans le sens de la plus grande P.

17. Lorsqu'une seule force se trouve ainsi équivalente à deux ou plusieurs autres agissant simultanément sur un même point matériel, on l'appelle leur *résultante;* et celles dont elle résulte sont appelées ses *composantes.*

A l'aide du même raisonnement, employé dans les deux paragraphes précédens, on peut prouver que, *si un point matériel est sollicité par un nombre quelconque de forces agissant suivant la même direction et dans le même sens ; ces forces ont une résultante égale à leur somme ; et, si la direction seule des forces est commune, leurs sens d'action étant divers, il y aura d'abord deux résultantes partielles pour les forces qui agissent dans chaque sens, puis une seule résultante totale égale à la différence de celles-ci et agissant dans le sens de la plus grande somme.*

18. *Soient maintenant deux forces* P *et* Q *agissant encore sur un même point matériel, mais suivant des directions inclinées l'une à l'autre,* fig. 10, *je dis qu'elles auront encore une résultante unique.*

Car, si elles ne se font pas mutuellement équilibre, leur effort commun ne pourra que pousser ou tirer le point A dans un certain sens unique, puisque ce point ne peut prendre qu'un seul chemin à la fois. Plaçons sur cette direction une force R équivalente à l'effort simultané des deux autres, mais agissant en sens contraire, ce que nous exprimerons, pour abréger, en l'écrivant — R. On doit nécessairement admettre la possibilité d'une telle opération, puisque l'on conçoit des forces de

toutes grandeurs, depuis zéro jusqu'à l'infini. Il est clair
que le point A se trouvera ainsi arrêté et réduit à
l'équilibre. Cette force —R, prise en sens contraire,
ou devenant +R, sera donc la résultante des deux
autres, dans le sens que nous avons attaché à cette expression § 17. Le cas où les deux forces composantes
se feraient équilibre d'elles-mêmes n'est pas une exception à ce raisonnement; il répond seulement à une
résultante nulle en intensité.

19. La résultante R, dont nous venons de prouver
l'existence, doit en outre se trouver dirigée dans le plan
PAQ mené par les deux composantes dont elle dérive;
car chacune de celles-ci ayant son action propre dirigée
dans ce plan, il n'y a aucune raison pour que leur action
simultanée soit dirigée hors du plan, plutôt au-dessus
qu'au-dessous; d'où il suit, qu'étant unique, elle s'y
trouvera comprise.

20. Si les deux forces composantes P et Q sont égales
entre elles en intensité, fig. 11, la résultante R devra, par la raison de symétrie, partager l'angle qu'elles
comprennent en deux parties égales; car il n'y a aucun
motif pour qu'elle s'approche de l'une plutôt que de
l'autre composante.

21. Maintenant, sans changer les directions de P et
de Q, concevez que ces forces deviennent inégales,
fig. 12, et soit, par exemple, Q plus grande que P. Alors
vous pouvez, par la pensée, décomposer Q en deux parties
P et Q—P; la première, étant égale à P, se composera avec elle suivant une résultante AR ou R, qui divisera l'angle PAQ en deux parties égales; de sorte qu'il
ne restera plus à composer que R avec Q—P. Opérant
de même sur celle-ci, on en tirera une nouvelle résultante R', et une nouvelle composante (Q—P)—R,
ou R—(Q—P), selon que l'une de ces deux quan-

tités surpassera l'autre ; mais, dans tous les cas, la nouvelle résultante R′ divisera en deux parties égales
l'angle RAQ, et par conséquent elle se rapprochera
davantage de la nouvelle composante. En poursuivant
ce raisonnement, on parviendra, de plus en plus, à réduire par bissection l'angle compris entre les compo-
posantes successives que l'on devra combiner ensemble ;
de sorte que les efforts de celles-ci approcheront de plus
en plus de s'exercer suivant une même direction ; et
par conséquent, la résultante totale différera de moins
en moins de leur somme. Or, comme toutes ces bis-
sections se trouvent toujours comprises dans l'angle
PAQ, il s'ensuit que la résultante définitive, de laquelle
on approche ainsi sans cesse, devra aussi être comprise
dans cet angle et tomber entre les directions AP, AQ.

22. Telles sont les propositions élémentaires sur la
composition des forces, dont on découvre, pour ainsi
dire, la vérité *à priori*. On ne peut aller plus loin
sans des démonstrations spéciales, que nous allons exposer suivant leur ordre de déduction le plus facile.
Ces démonstrations se rapportent aux trois cas suivans,
qui embrassent toute la statique des corps solides.

1°. *Deux forces parallèles appliquées aux extrémités
d'une droite rigide, et agissant dans le même sens.*

2°. *Deux forces parallèles appliquées aux extrémités
d'une droite rigide, et agissant en sens contraire.*

3°. *Deux forces non parallèles appliquées simultanément suivant des directions quelconques, à un même
point matériel.*

L'examen de ces trois questions fondamentales sera
l'objet des chapitres suivans.

CHAPITRE IV.

Composition de deux forces parallèles appliquées aux extrémités d'une droite rigide et agissant dans le même sens.

THÉORÈME I.

23. *Lorsque deux forces* P *et* Q, *ayant des intensités quelconques, agissent suivant des directions parallèles, et de même sens, aux deux extrémités d'une droite rigide* AB, *fig.* 13, *ces deux forces ont une résultante qui leur est parallèle, égale à leur somme, et dont le point d'application* C, *situé entre* A *et* B, *divise la droite* AB *en parties réciproques aux intensités des forces* P *et* Q.

Pour prouver les deux premières parties de la proposition, appliquez aux points A et B deux nouvelles forces M et N, dont les intensités absolues soient aussi quelconques, mais égales entre elles, de sens contraire, et dirigées suivant AB; de sorte qu'elles tendent à écarter l'un de l'autre les points A et B. L'effet propre de ces deux forces sur la droite AB sera nul, puisqu'elles se font mutuellement équilibre, en vertu de sa rigidité § 12; par conséquent, l'état de cette droite ne sera pas changé; et ainsi l'on pourra, au lieu des deux forces primitives P et Q, considérer le système des quatre forces P, M, Q, N, comme agissant simultanément sur elle. Or, les deux forces M et P étant concourantes et appliquées au même point

A , ont une résultante qui est aussi appliquée en A et dirigée dans l'angle MAP , § 18 , 21. De même, les deux forces concourantes N et Q ont une résultante qui est aussi appliquée en B et dirigée dans l'angle NBQ. Quoique nous ne sachions pas encore *former* ces résultantes partielles, nous avons prouvé qu'elles existent. Désignons leurs intensités par S, T, et leurs directions par SA , TB ; il est facile de voir que ces directions prolongées iront se couper mutuellement en un certain point D situé au-delà de AB, car elles sont comprises dans un même plan, qui est celui des deux forces et de la droite AB; et en outre , d'après le sens que nous avons donné à M et à N , les angles SAB, TBA , pris ensemble, font une somme plus grande que deux angles droits.

Cela posé, considérons les deux forces partielles S, T, comme appliquées en D à leur point commun d'intersection, ce qui est permis, pourvu que nous unissions ce point avec A et B, par des droites rigides § 14. Alors elles auront une résultante commune qui devra être aussi celle des deux forces P et Q , à cause de l'équivalence des deux systèmes. Or , cette résultante devant être appliquée en D et comprise dans l'angle ADB , il est visible qu'elle ira couper la droite AB en un certain point qui sera compris entre A et B , et auquel on pourra la supposer appliquée.

Maintenant , pour trouver la direction de cette résultante, et son intensité, menez par le point D une droite DC parallèle aux forces données P et Q, et une autre droite M'DN', parallèle à AB : puis, défaisant en D ce que vous aviez fait en A et B , résolvez chacune des résultantes partielles S et T dans ses deux composantes primitives M et P, Q et N , ce qui sera certainement possible, puisque toutes les circonstances

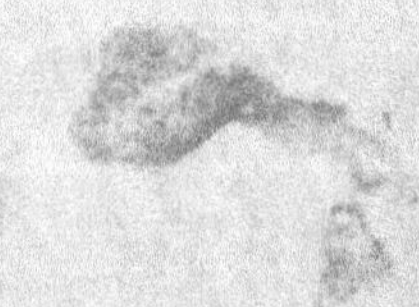

de direction et d'angles, relatives à ces forces, sont les mêmes en D qu'elles étaient en A et B. Alors vous aurez, sur la direction M'DN', les deux forces égales et contraires M, N, qui se détruiront encore; et il restera sur la direction DC les deux forces primitives P, Q, qui, étant de même sens, s'ajouteront l'une à l'autre; *leur somme* P+Q, *ou* R, *sera donc la résultante des deux forces primitivement proposées, et de plus, elle leur sera parallèle.*

24. Reste maintenant à découvrir son point d'application C.

Cela est facile quand les deux forces P et Q sont égales entre elles, fig. 14. En effet, pour ce cas, prenez les forces M et N égales aux forces P et Q elles-mêmes : cela est permis, puisque ces forces auxiliaires se détruisant toujours l'une par l'autre, le choix particulier de leur intensité ne change rien à la démonstration. Mais alors, les deux composantes M et P se trouvant égales entre elles, leur résultante S divisera l'angle de leurs directions MAP en deux parties égales MAS, SAP; et comme la résultante générale DR est parallèle à AP, l'angle ADR ou ADC sera aussi égal à SAP, de sorte que le triangle DCA sera isocèle, et donnera DC égal à CA. Par une cause toute pareille, le triangle DCB sera aussi isocèle et donnera DC égal à CB; conséquemment CB et CA seront égaux; et ainsi le point C où s'applique la résultante des deux forces, sera situé au milieu de la droite AB.

25. Concevez maintenant qu'au lieu de deux forces égales P et Q appliquées aux deux extrémités de la droite AB, il y en ait un nombre quelconque, P', Q'; P", Q"; etc., fig. 15, pareillement égales entre elles, et appliquées par paires à des distances égales du milieu C de cette ligne aux points A', B'; A", B"; etc. Chaque paire de ces forces

pourra être composée comme tout à l'heure en une résultante parallèle, égale à leur somme, et appliquée au même point C; et la somme de ces résultantes, égale à la somme totale des forces, sera leur résultante totale qui passera aussi par le même point.

26. Réciproquement, toute force R appliquée au milieu C d'une droite rigide AB, fig. 14, pourra être décomposée en deux forces P et Q, appliquées aux extrémités de cette même droite, parallèles entre elles et à R, et respectivement égales à $\frac{1}{2}$ R. Car, si l'on prolonge la direction de R d'une quantité CD égale à CA ou à CB, on pourra, sans changer l'effet de cette force sur la droite, la supposer appliquée en D, et en outre lui adjoindre en D deux forces opposées M'N', toutes deux égales à $\frac{1}{2}$ R et parallèles à la droite AB. Alors, si l'on décompose par la pensée R en deux parties égales, la force M' ou $\frac{1}{2}$ R et l'une de ces moitiés se composeront en une résultante S qui passera par le point A à cause de l'égalité de ces composantes; et l'autre moitié composée avec N' donnera une autre résultante partielle T qui, en vertu d'une raison semblable, passera par le point D. Maintenant si l'on résout de nouveau les forces S et T en A et B dans leurs composantes primitives, on retrouvera d'abord les deux forces M, N ou $\frac{1}{2}$ R, égales entre elles, opposées l'une à l'autre et agissant suivant AB; plus les deux autres composantes P, Q, ou $\frac{1}{2}$ R, parallèles à R. Les premières s'entre-détruiront évidemment, ainsi il ne restera que les deux dernières, qui, appliquées en A et B, équivaudront à la force unique R appliquée au milieu de AB. Le même raisonnement généralisé permettrait de résoudre la force unique R appliquée au milieu de AB, en un nombre quelconque n de forces parallèles, égales entre elles et à $\dfrac{R}{2n}$, ayant leurs points d'application dis-

tribués par paires sur AB, à distances égales du milieu C.

27. Revenant de là au cas général de la fig. 13, où les forces parallèles P, Q, qui sollicitent les extrémités de la droite AB, sont inégales et quelconques, mais agissent toujours dans le même sens, on en peut déduire la position du point d'application C de leur résultante : pour cela, nous commencerons par supposer les deux forces P et Q commensurables entre elles, nous les prendrons ensuite quelconques.

Si les forces P et Q sont commensurables, elles seront entre elles comme deux nombres entiers m et n, de sorte que l'on aura

$$\frac{P}{Q} = \frac{m}{n},$$

d'où l'on tire

$$\frac{P}{2m} = \frac{Q}{2n},$$

c'est-à-dire que la $2m^e$ partie de P est égale à la $2n^e$ partie de Q.

Cela posé, divisons la droite d'application AB, fig. 16, en deux parties AH, HB qui soient directement proportionnelles aux forces P et Q; on aura ainsi

$$\frac{AH}{HB} = \frac{P}{Q} = \frac{m}{n},$$

conséquemment

$$\frac{2AH}{2m} = \frac{2HB}{2n},$$

c'est-à-dire que la $2m^e$ partie de 2AH est égale à la $2n^e$ partie de 2HB. Pour construire 2AH et 2HB, nous prolongerons la droite AB à ses deux extrémités de quantités AG, BK, respectivement égales aux parties AH, HB : alors on aura

$$\frac{GH}{2m} = \frac{HK}{2n}.$$

Maintenant, divisez GH en $2m$ parties égales ; vous pouvez, d'après le § 26, remplacer la force unique P par un pareil nombre de composantes parallèles, toutes égales entre elles et à $\frac{P}{2m}$, lesquelles seront appliquées en chaque point milieu des divisions de GH. De même, divisant HK en $2n$ parties, vous pourrez remplacer Q par $2n$ composantes parallèles égales à $\frac{Q}{2n}$ et appliquées aux points milieux de ces divisions. Or puisque, par les données du problème, $\frac{P}{2m}$ égale $\frac{Q}{2n}$, ces composantes élémentaires sont égales entre elles sur toute la longueur GK ; et de plus, le nombre des divisions égales auxquelles elles s'appliquent étant pair, elles se trouvent distribuées également sur cette ligne de part et d'autre de son milieu, que nous désignerons par C. Elles se composeront donc toutes en une résultante unique, égale à leur somme ou à P+Q, laquelle s'appliquera au point C; de sorte que tout se réduit maintenant à déterminer ce point par la condition que GC égale CK.

Or cela est très facile : car puisque GA $=$ AH et HB $=$ BK, il s'ensuit que GK $=$ 2AB: donc GC, moitié de GK, égale AB; donc, puisque AC est commun, CB $=$ GA $=$ AH ; on démontrera de même que AC $=$ BK $=$ BH. Or on a par construction

$$\frac{AH}{HB} = \frac{P}{Q},$$

on aura donc aussi
$$\frac{CB}{AC} = \frac{P}{Q},$$

c'est à-dire que *le point d'application* C, *de la résultante totale des forces parallèles* P, Q, *divise la droite* AB *en parties réciproquement proportionnelles à ces forces.* La dernière partie du théorème se trouve ainsi démontrée, mais seulement pour le cas où les forces P et Q sont commmensurables. Toutefois il est facile d'étendre la démonstration à la supposition d'un rapport quelconque entre elles.

28. Pour cela, il faut remarquer que, si deux forces P et Q d'intensités quelconques, mais parallèles, et agissant dans le même sens aux deux extrémités d'une même droite AB, fig. 17, ont leur résultante appliquée en C sur cette droite, que l'on augmente l'une d'elles Q, par exemple, d'une quantité quelconque positive d, la résultante nouvelle se rapprochera du point B où Q est appliquée; et au contraire lorsque l'on diminuera Q, elle s'éloignera de ce point.

En effet, lorsque Q se change en Q $+$ d, on peut d'abord composer P avec la portion Q de Q $+$ d, ce qui donne la résultante P $+$ Q ou R appliquée au point C par hypothèse; et il reste encore à composer cette résultante R avec la force d appliquée en B, ce qui porte le point d'application de la résultante totale entre C et B.

Si au contraire Q devient Q $-$ d, il faut que la résultante nouvelle s'éloigne de Q et passe entre C et A; car, si elle tombait entre C et B, par exemple, en C', on n'aurait qu'à augmenter Q $-$ d de d, et il faudrait, par ce qui précède, que la nouvelle résultante P $+$ Q $-$ d $+$ d ou P $+$ Q tombât entre C' et B; mais au contraire elle doit tomber au point C par hypothèse, ce qui rend la supposition impossible.

29. Maintenant donnons à P et Q des intensités quelconques, toujours avec la condition d'être parallèles et d'agir dans le même sens. Alors, sur la droite d'appli-

cation AB, fig. 18, prenez un point C qui divise la droite en parties réciproquement proportionnelles à ces forces, de sorte que l'on ait

$$\frac{P}{Q} = \frac{BC}{AC},$$

je dis que la résultante des deux forces P et Q passera par ce point, comme dans le cas où elles seraient commensurables ; car, s'il en est autrement, il faudra que cette résultante ait son point d'application entre C et A, ou entre C et B, puisqu'il doit être sur la droite AB (23) ; or ces deux suppositions sont impossibles.

En effet, supposons-le d'abord entre C et A, par exemple, en C'. Alors divisez AB en un nombre quelconque de parties égales, toutes moindres que CC' ; il tombera au moins un point de division dans cet intervalle. Soit I ce point ; les longueurs AI, BI étant commensurables, on pourra le considérer comme le point d'application de la résultante de deux forces parallèles et agissant dans le même sens, dont l'une serait la force P elle-même et l'autre une force Q' appliquée en B, telle que l'on eût

$$\frac{Q'}{P} = \frac{AI}{BI}, \quad \text{d'où} \quad Q' = P \cdot \frac{AI}{BI},$$

mais, d'après la condition qui détermine le point C, on a

$$\frac{Q}{P} = \frac{AC}{BI}, \quad \text{d'où} \quad Q = P \cdot \frac{AC}{BC}.$$

De là résulte Q plus grand que Q' ; car, dans la fraction $\frac{AC}{BC}$, le numérateur AC surpasse AI et le dénominateur BC est moindre que BI. Mais Q étant plus grand que Q', la résultante des deux forces P et Q doit avoir son point d'application plus près de B que le point I ;

or, elle l'aurait au contraire plus loin s'il était en C : donc cette dernière supposition est impossible.

On démontrera de la même manière que la résultante des deux forces P et Q ne peut pas avoir son point d'application entre C et B ; seulement, dans cette supposition, la force Q se trouverait moindre que la force commensurable Q' à laquelle on la compare.

La résultante des deux forces parallèles et de même sens P et Q ne pouvant tomber ni à droite du point C, ni à gauche, et devant pourtant tomber entre A et B, il faut nécessairement qu'elle passe par le point C, même, déterminé par la condition

$$\frac{Q}{P} = \frac{AC}{BC},$$

ce qui achève de démontrer la dernière partie du théorème énoncé dans le § 23.

THÉORÈME II.

29. Si, en conservant à la résultante R son même point d'application et son intensité, on l'applique à la droite AB, en sens contraire, fig. 19, cette force — R ou — (P + Q) suffira seule pour maintenir la droite AB en équilibre contre l'effort simultané des deux forces P et Q.

Car, en analysant cet effort dans le § 23, nous avons vu qu'il équivaut à l'action d'une force résultante unique P + Q passant par le point C, parallèle aux deux composantes P, Q, et dirigée dans le même sens qu'elles. Donc, puisque la force — R est calculée et placée de manière à détruire cette résultante, il s'ensuit qu'elle suffit pour maintenir la droite AB en équilibre contre l'effort simultané des deux forces P et Q.

THÉORÈME III.

3o. Toute force R appliquée à un point C d'une droite AB, fig. 2o, peut être décomposée en deux forces P et Q, parallèles à R, de même sens, et appliquées aux deux extrémités de la droite AB.

En effet, d'après le § 23, deux forces pareilles équivalent à une seule R égale à leur somme et appliquée en un point C assujetti à la relation

$$\frac{P}{Q} = \frac{BC}{AC},$$

de là on tire

$$\frac{P+Q}{P} = \frac{BC+AC}{BC}, \qquad \frac{P+Q}{Q} = \frac{BC+AC}{AC},$$

ou, puisque $P+Q$ doit être égal à R et $BC+AC$ à AB,

$$\frac{R}{P} = \frac{AB}{BC}, \qquad \frac{R}{Q} = \frac{AB}{AC}.$$

Tout est connu dans la première de ces égalités, excepté P, et tout l'est aussi dans la seconde, excepté Q; elles serviront donc à déterminer les deux composantes. Si, au contraire, P et Q étaient donnés, ainsi que AB, ces deux égalités détermineraient BC et AC, c'est-à-dire la position du point C, auquel s'appliquerait la résultante R, ou $P+Q$, qui leur est équivalente.

COROLLAIRES.

3r. Les résultats auxquels nous venons de parvenir peuvent se mettre sous une forme algébrique très simple et très élégante, qui en facilite singulièrement les applications numériques. Pour cela, choisissons arbitrairement un point quelconque O, fig. 21, sur le prolongement de la droite AB, aux extrémités de laquelle les deux forces P et Q sont appliquées; puis, représentant leur résultante par R, nous aurons, d'après ce qui précède,

$$R = P + Q.$$

Multipliant les deux membres de cette égalité par OC, il viendra

$$R.OC = P.OC + Q.OC;$$

remplacez OC par OA + AC dans le terme en P, et par OB — CB dans le terme en Q, vous aurez

$$R.OC = P.OA + Q.OB + P.AC - Q.BC;$$

mais, d'après le théorème fondamental I, la quantité P.AC — Q.BC est nulle d'elle-même; il reste donc simplement

$$R.OC = P.OA + Q.OB.$$

Pour exprimer ce résultat d'une manière qui en rappelle facilement l'interprétation, même sans le secours des figures, nous représenterons respectivement par X_p, X_q, X_r, les distances des points d'application des trois forces P, Q, R, au point O pris arbitrairement pour origine sur la ligne AB; et la relation précédente deviendra

$$R.X_r = P.X_p + Q.X_q; \qquad (1)$$

il faudra toujours y joindre

$$R = P + Q. \qquad (2)$$

A l'aide de deux ces équations, il n'est aucune question sur les rapports des composantes P et Q avec leur résultante, qui ne puisse être immédiatement résolue.

Supposons, par exemple, que l'on donne la résultante R, avec son point d'application C, déterminé par les distances $CA = p$, $CB = q$, et que l'on demande de trouver les composantes P et Q, qui, étant appliquées aux points A et B, doivent lui être équivalentes. Dans ce cas, on aura

$$X_r - X_p = p, \quad X_q - X_r = q, \quad \text{d'où} \quad X_q - X_p = p + q;$$

et déterminant P et Q en R, à l'aide de l'élimination entre les équations (1) et (2), il viendra,

$$P = \frac{Rq}{p + q}, \qquad Q = \frac{Rp}{p + q},$$

qui sont précisément les premiers résultats du théorème III.

Si, au contraire, les composantes P et Q sont données individuellement comme dérivées de la résultante R, et que l'on demande seulement d'assigner les points A et B auxquels il faut les appliquer, pour que leur effort simultané soit équivalent à celui de cette résultante, alors les distances $X_r - X_p$, $X_q - X_r$, ou AC, BC seront les quantités inconnues; et en les désignant, pour abréger, par p et q, comme nous l'avons fait tout à l'heure, on aura

$$X_r - X_p = p, \quad X_q - X_r = q.$$

Tirez de la première X_p, de la seconde X_q, et substituez-les dans l'équation (1); tous les termes affectés de X_r se détruiront d'eux-mêmes, en vertu l'équation (2), et il restera simplement

$$Qq - Pp = 0,$$

c'est-à-dire que les distances AC, BC, prises autour de la résultante, doivent être réciproques aux forces P et Q. Ce résultat est précisément la troisième partie du théorème I. Cette relation seule ne suffit pas pour déterminer complètement les distances p et q, puisqu'elle assigne uniquement le rapport qui doit exister entre elles. Si donc on ne se donne pas d'autre particularité, les forces P et Q pourront être placées autour du point C, dans une infinité de positions différentes, qui toutes satisferont à la condition commune que leur effort simultané sur la ligne AB soit équivalent à celui de la force unique R; du moins en supposant que leurs points d'application sur les prolongemens de AB soient rigidement liés à cette droite.

Mais cette indétermination cessera si l'on astreint ces forces à quelque autre condition nouvelle. Veut-on, par exemple, que la distance AB, entre leurs points d'application, soit donnée et égale à une longueur a; on aura, d'après cette condition, $p + q = a$, et cette relation, combinée avec la précédente, donnera

$$p = \frac{Qa}{P+Q} = \frac{Qa}{R}, \qquad q = \frac{Pa}{P+Q} = \frac{Pa}{R},$$

ce qui est la seconde partie du théorème III. On peut varier indéfiniment les applications des formules (1) et (2); mais les précédentes suffisent pour montrer l'usage que l'on en peut faire, ainsi que la manière dont il faut interpréter leurs indications.

CHAPITRE V.

Composition de deux forces parallèles appliquées aux extrémités d'une droite rigide, et agissant dans des sens opposés.

THÉORÈME I.

32. Deux forces quelconques P et Q, fig. 22, parallèles et de sens contraires, étant appliquées aux extrémités d'une droite AB, 1°. ont une résultante lorsqu'elles ne sont pas égales, et cette résultante doit être appliquée au prolongement de la ligne AB, hors des points A et B du côté de la plus grande des deux forces; 2°. elle est parallèle aux forces P et Q et égale à leur différence.

3°. Lorsque les deux forces P et Q, parallèles et de sens contraires, sont égales, elles n'ont plus de résultante; et alors on ne peut pas, à l'aide d'une force unique, faire équilibre à leur effort simultané.

Pour prouver les deux premières propositions, supposons d'abord les forces P, Q, inégales, et soit P la plus grande. Celle-ci étant équivalente à $P - Q + Q$, on peut, d'après le théorème III, § 30, la considérer comme la résultante de deux forces parallèles et de même sens qu'elle, dont l'une Q ou BQ' serait appliquée au point B, et l'autre $P - Q$ ou CR serait appliquée de l'autre côté de A en un point C tel qu'on eût

$$\frac{P - Q}{Q} = \frac{AB}{AC},$$

ce qui donne

$$AC = \frac{AB \cdot Q}{P - Q},$$

en sorte que le point C se trouve complètement déterminé par cette expression. Les deux forces Q et P — Q, ainsi disposées, peuvent donc être substituées à la force unique P, pourvu que le prolongement AC soit supposé rigide ainsi que AB. Mais alors, BQ' étant égale à BQ et appliquée au même point en sens contraire, ces deux forces se font mutuellement équilibre : de sorte que la force CR ou P — Q reste seule agissante. Ainsi la droite AB se trouve sollicitée par le système des deux forces P et Q, comme elle le serait par la force unique P — Q, ou CR appliquée au point C de son prolongement.

Par conséquent cette force P — Q peut être appelée la *résultante* des deux autres; et l'on voit qu'elle s'écartera toujours de AB du côté de la plus grande, puisque celle-ci doit toujours se trouver placée entre les deux points d'application des composantes par lesquelles on la remplace.

Si, en conservant à la résultante P — Q son même point d'application, et son intensité, on l'applique au prolongement de la droite AB en sens contraire, fig. 23, cette force — R ou — (P — Q) suffira seule pour maintenir la droite AB en équilibre contre l'effort simultané des deux forces P et Q, puisqu'elle suffit pour détruire la force + R ou + P — Q qui est équivalente à cet effort.

33. Le raisonnement et la construction dont nous venons de faire usage cessent d'être applicables lorsque les deux forces P et Q sont égales entre elles, fig. 24; car alors P ou AP ne peut plus être considéré comme la résultante de deux forces, dont l'une appliquée en B serait égale à elle-même. C'est aussi ce que nous montre le calcul établi sur le cas général de l'inégalité des deux

forces ; car il assigne des conditions physiquement inexécutables dans le cas particulier où $P = Q$. En effet, par cette supposition, les expressions de la résultante et de la distance AC deviennent

$$R = P - Q = 0, \qquad AC = \frac{AB \cdot Q}{0}.$$

Ceci indique que la seconde composante de AP devrait être nulle et placée sur le prolongement de BA à une distance infinie; conditions qui ne sauraient avoir aucune application physique réelle. On doit donc en conclure que, dans le cas particulier de l'égalité des deux forces parallèles agissant en sens contraires, leur réduction à une seule est physiquement impossible; et par conséquent on ne peut pas leur faire équilibre avec une seule force, quelque valeur qu'on lui donne, et de quelque manière qu'on veuille l'appliquer.

Toutefois ce résultat est trop singulier et trop important pour ne pas en chercher une démonstration directe; car il pourrait laisser quelque doute si nous en avions, pour unique preuve, que le raisonnement qui nous a réussi en général se trouve en défaut dans ce cas particulier. La démonstration suivante lève à cet égard toute incertitude.

Supposons que les deux forces P et Q, parallèles, égales et de sens contraires, fig. 25, puissent être tenues en équilibre par une certaine force unique R, appliquée en un certain point C de la droite AB, et agissant suivant la direction quelconque CR, située dans le plan des deux forces ou hors de ce plan. Alors, par la raison de symétrie, il devra être également possible d'établir aussi l'équilibre au moyen d'une force C'R' ou R', égale à R, appliquée au point C' symétrique avec C, et dirigée parallèlement à R, dans le sens C'R' opposé à CR.

Concevez qu'ayant appliqué cette seconde résultante, vous la détruisiez aussitôt par une force égale et contraire C'R″ appliquée au même point C' et dirigée dans le sens opposé. Maintenant, puisque, par supposition, l'équilibre existait entre les trois forces P , Q , et R appliquée en C, il existera encore entre ces mêmes forces et les deux dernières appliquées en C', puisque celles-ci se détruisent individuellement. Mais, en considérant le système des cinq forces sous un autre aspect, il est facile de voir que cet équilibre est impossible ; car la force C'R' faisant individuellement équilibre aux forces AP, BQ, il faudrait que les deux autres forces restantes CR , C'R″ se fissent aussi mutuellement équilibre entre elles, ce qui est impossible, puisqu'elles sont parallèles et dirigées dans le même sens. Conséquemment, l'hypothèse dont nous sommes partis est absurde ; c'est-à-dire que l'on ne peut pas faire équilibre aux forces P et Q, à l'aide d'une seule force parallèle ou non à l'une d'elles, dans le cas où la symétrie de leurs actions subsiste, c'est-à-dire lorsqu'elles sont égales et de sens opposés.

Maintenant, si l'on veut comprendre comment il se fait que, dans ce cas, la réduction des deux forces P et Q à une seule est impossible, il n'y qu'à essayer de leur appliquer, fig. 26, le mode de composition employé dans le cas général, § 23 , fig. 13. Car alors, quand on a appliqué les forces auxiliaires opposées et égales AM , BN , la symétrie de la figure fait que les résultantes partielles AS , BT , deviennent nécessairement parallèles entre elles ; d'où il suit que l'on ne peut plus les composer en une seule, puisque l'on ne peut plus, comme dans le cas général , les réunir à leur point de concours. On voit , en outre, qu'elles sont égales et de sens contraires, comme les forces primitives dont elles dérivent, ce qui reproduit la même difficulté.

DÉFINITION.

34. Ce système de deux forces parallèles, égales et de sens contraires, appliquées aux extrémités d'une droite rigide, se présente sans cesse dans les problèmes de Statique; c'est pourquoi il est utile d'en fixer particulièrement les propriétés, et de les désigner par une dénomination spéciale. M. Poinsot, qui en a le premier fait remarquer l'usage, lui a donné celle de *couple*, que nous adopterons.

Mais, pour simplifier autant que possible le caractère d'un tel système de forces, nous le dégagerons de l'idée variable d'obliquité des forces sur la droite rigide à laquelle elles sont appliquées. Car soient AB, fig. 27, cette droite, et AP, BQ, les forces égales qui constituent le couple; si, du point O, milieu de AB, on mène la droite A'OB' perpendiculaire aux directions des deux forces, qu'elle coupe en A' et B', on pourra transporter par la pensée le point d'application de la force P, de A en A', et celui de la force Q, de B en B', et rien ne sera changé au système; c'est-à-dire que les deux forces P et Q, appliquées aux extrémités de la droite AB, avec leur obliquité actuelle, équivaudront aux deux mêmes forces appliquées perpendiculairement aux extrémités de la droite rigide A'B', considérée comme invariablement unie à la précédente. Chaque couple oblique pouvant ainsi être transformé en un couple perpendiculaire, nous ne considérerons désormais que ces derniers; et ainsi nous entendrons toujours par le mot *couple le système de deux forces, égales et de sens contraires, appliquées perpendiculairement aux extrémités d'une droite rigide de longueur donnée.* Nous examinerons plus loin, d'une manière spéciale, les propriétés statiques dont jouit un pareil système.

35. Tous les résultats auxquels nous venons de parvenir sur la composition des forces parallèles dirigées en sens contraires, peuvent être également rassemblés en une seule formule parfaitement analogue à celle que nous avons trouvée § 31, pour les forces dirigées dans un même sens. Il suffit de rapporter, comme nous l'avons fait alors, les positions des trois points d'application A, B, C, fig. 28, à une origine commune O prise à volonté sur le prolongement de la droite AB, *de manière qu'ils se trouvent tous trois du même côté de cette origine ;* puis, représentant, comme ci-dessus, les deux composantes par P et Q, et leur résultante par R, nous aurons, d'après leur opposition, en supposant P la plus grande,

$$R = P - Q, \quad \text{d'où l'on tire}, \quad P = R + Q ;$$

multipliant les deux membres par OA, il viendra

$$P.OA = R.OA + Q.OA.$$

Maintenant, remplacez OA par OC + CA dans le terme en R, et par OB — BA dans le terme en Q, vous aurez

$$P.OA = R.OC + Q.OB + R.CA - Q.BA.$$

Or, la quantité R.CA — Q.BA est nulle, puisque, d'après notre construction du § 32, R et Q' ou Q sont les deux composantes de la force P. Supprimant donc ces termes et dégageant le terme en R, il reste

$$R.OC = P.OA - Q.OB,$$

ou, en adoptant la notation du § 31,

$$R.X_r = P.X_p - Q.X_q, \qquad (1)$$

à quoi il faut ajouter

$$R = P - Q, \qquad (2)$$

ce qui exprime toutes les relations que les forces P et Q, parallèles et de sens contraires, doivent avoir entre elles et avec leur résultante R.

36. Ces formules sont parfaitement analogues à celles que nous avons trouvées dans le § 31, pour les forces parallèles dirigées dans un même sens. Elles en diffèrent uniquement par le signe des termes relatifs à la force Q, lesquels sont devenus ici négatifs au lieu de positifs qu'ils étaient alors, précisément comme cela serait arrivé si Q avait changé de signe. Cette seule inversion du signe de la force Q suffit donc pour exprimer l'inversion de direction que nous lui avons attribuée. Ainsi, en profitant de cette remarque, nous pouvons considérer tous les résultats relatifs à la composition des forces parallèles, comme renfermés généralement dans les premières formules du § 31,

$$R.X_{,} = P.X_{,} + Q.X_{,}, \qquad (1)$$
$$R = P + Q, \qquad (2)$$

que nous avons d'abord trouvées pour les forces dirigées dans un même sens, pourvu que nous convenions de changer le signe de celles de ces forces auxquelles nous voudrions donner une direction contraire à celle que leur attribue la figure 21, sur laquelle ces formules sont établies. Ceci est un exemple de la généralité d'application que les expressions algébriques peuvent embrasser, par le seul jeu des signes des quantités qu'elles renferment.

Une simple modification de ce genre suffirait, par exemple, pour exprimer que l'origine arbitraire O, au lieu d'être située hors des points B, A, C, comme

les figures 21 et 28 le supposent, serait au contraire
située entre eux, comme le représente la figure 29,
où elle est comprise entre A et C. Dans ce cas, la distance OA ou X_p, des fig. 21 et 28, après avoir diminué
jusqu'à devenir tout-à-fait nulle, devrait être considérée
comme devenue négative, tandis que X_r, X_q continue-
raient de rester positifs. On aurait donc, par cette seule
modification, pour les forces dirigées dans un même sens,

$$RX_r = -PX_p + QX_q,$$
$$R = P + Q;$$

et en effet, ce sont là les résultats auxquels on arriverait
directement, si l'on établissait les formules sur le cas
spécial de la figure 29, en représentant OA par $+X_p$.

Car, en multipliant R par OC, comme nous avons
toujours commencé par le faire, on aurait d'abord

$$R . OC = P . OC + Q . OC.$$

Remplaçant OC dans le terme en P par AC — AO et
dans le terme en Q par OB — BC, il viendrait en effectuant la multiplication

$$R . OC = -P . AO + Q . OB + P . AC - Q . BC;$$

mais la partie P . AC — Q . BC est nulle d'elle-même,
d'après la loi fondamentale de la composition des forces
parallèles dirigées dans un même sens; en la supprimant, il reste

$$R . OC = -P . AO + Q . OB;$$

c'est-à-dire, d'après notre notation accoutumée,

$$R . X_r = -P . X_p + QX_q,$$

précisément comme nous l'avons trouvé par le seul changement de signe de X_p dans les premières formules.

Nous avons effectué ici matériellement cette épreuve, pour ne laisser aucun doute sur la légitimité des résultats auxquels les seules modifications ainsi introduites dans les signes des forces, ou des longueurs, pourront nous conduire, lorsque nous aurons occasion d'en faire usage.

CHAPITRE VI.

*Composition de deux forces concourantes, appliquées
simultanément à un même point matériel.*

THÉORÈME.

37. Lorsque deux forces quelconques P et Q sont
appliquées simultanément à un même point matériel M,
fig 3o, si l'on prend sur les directions de ces forces,
des longueurs MP, MQ, qui leur soient proportionnelles, qui par conséquent, § 9, puissent servir à représenter leurs intensités, et que l'on construise sur ces
deux longueurs un parallélogramme MPQR,

1°. La résultante des deux forces P et Q sera dirigée
suivant la diagonale MR du parallélogramme MPQR ;

2°. Son intensité sera représentée par la longueur
même de cette diagonale.

D'abord nous avons vu que la résultante des deux
forces P et Q doit être dans leur plan, § 19; en outre
elle doit passer par le point M, puisqu'elle est supposée
solliciter ce point exactement comme le ferait l'action
simultanée des deux forces P et Q.

Je dis maintenant qu'elle doit aussi passer par le
point R, extrémité de la diagonale MR.

Pour le faire voir, prolongez le côté PR, et sur son
prolongement, prenez RG = RQ; puis, achevez le losange RQGH dont vous considérerez les sommets comme
joints par des droites rigides au parallélogramme MPQR.
Cela fait, appliquez aux points G et H deux nouvelles

forces Q', Q", égales entre elles, égales aussi à la force Q, et agissant, dans des sens contraires, suivant la direction de la droite G.H. L'introduction de ces nouvelles forces ne produira aucun changement dans l'action des premières, puisqu'elles se font mutuellement équilibre et qu'ainsi leur effort propre est nul. Conséquemment, la résultante des quatre forces P, Q, Q', Q", sera encore la même que celle des deux forces primitives P et Q. Or, si l'on conçoit la force Q, appliquée au point H de son prolongement, ce qui est permis § 14, puisque nous avons supposé MQH une droite rigide, il y aura en H deux forces Q, Q", concourantes et égales entre elles ; par conséquent, § 20, la résultante S de ces deux forces, passant par le point H, divisera l'angle QHG en deux parties égales ; d'où il est aisé de conclure qu'elle ira aboutir au sommet opposé du losange en R. Considérons maintenant P et Q'. Ces deux dernières forces sont parallèles et agissent dans le même sens ; de plus, si l'on transporte le point d'application de la première de M en P, ce qui est permis, puisque MP est supposée une droite rigide, elles se trouveront appliquées aux extrémités d'une même droite également rigide PG, de sorte que le point d'application de leur résultante T divisera cette droite en parties qui leur seront inversement proportionnelles. Or d'après cela, je dis que cette résultante passe au point R ; car puisque RG = RQ = PM = P et que RP = MQ = Q = Q', il est visible l'on a

$$\frac{P}{Q'} = \frac{RG}{RP}.$$

Mais nous venons de voir que la résultante S des deux forces Q et Q" passe aussi par le même point R : donc la résultante commune de S et T passera également par ce point. Or cette résultante définitive est celle des quatre forces P, Q, Q′, Q″, et elle est identique avec celle des deux forces P et Q ; donc la résultante des deux forces P et Q passe par le point R ; et puisqu'elle passe aussi nécessairement au point M d'application des deux forces, elle se trouvera dirigée suivant la diagonale MR, ce qui est la première partie du théorème.

38. Il suit de là que, si *l'on donne les deux directions des forces P et Q avec la direction de leur résultante R, on pourra en déduire le rapport d'intensité des forces P et Q entre elles, par la construction même du parallélogramme dont ces forces doivent être les côtés.*

En effet, soient, fig. 31, Mp, Mq, Mr les trois directions données, que nous considérerons ici comme indéfinies. Si, sur Mr, qui est supposée celle de la résultante, on prend un point D quelconque, et que de ce point on mène aux deux autres directions des droites parallèles, DP, DQ, lesquelles formeront ainsi avec elles un parallélogramme, je dis que les composantes inconnues P et Q que l'on suppose dirigées suivant Mp et Mq, seront entre elles dans le rapport des deux côtés MP, MQ.

Car, supposez qu'il en soit autrement, et qu'au lieu d'avoir

$$\frac{P}{Q} = \frac{MP}{MQ}, \quad \text{on ait} \quad \frac{P}{Q} = \frac{MP}{MQ'},$$

MQ′ étant une longueur différente de MQ : cette longueur sera plus grande ou plus petite que MQ. Supposons-la plus grande, fig. 32 : alors, sur MP et MQ′ comme côtés, construisez un parallélogramme MPQ′D′ ; et, d'après la proposition démontrée tout à l'heure, § 37, la diagonale MD′, différente de MD, sera la direction de la résultante des deux forces respectivement représentées par MP, MQ′, c'est-à-dire de P et de Q. Mais, par hypothèse, la direction de cette résultante est donnée et coïncide avec MD : donc elle ne peut être dirigée suivant MD′; ainsi MQ′ ne peut être plus grand que MQ. On démontrerait de même qu'il ne saurait être plus petit : donc il lui est égal, et l'on a

$$\frac{P}{Q} = \frac{MP}{MQ'}$$

39. Ceci va nous servir à démontrer la dernière partie du théorème, c'est-à-dire que la résultante des deux forces concourantes P et Q est aussi représentée en grandeur par la diagonale MR, fig. 3o , quand les forces elles-mêmes le sont par côtés du parallélogramme. En effet, considérons cette résultante comme une longueur inconnue que nous désignerons par la lettre R; et, prolongeant la diagonale MR au-delà du point M, fig. 33, concevons que l'on ait porté, sur cette direction, la force ou la longueur inconnue R′ = — R, en sens contraire de l'action des deux forces P et Q : alors le point M sera en équilibre sous l'influence simultanée des trois forces P, Q et R′ ou —R.

Conséquemment, si l'on veut considérer MP et R′ comme deux composantes qui agissent simultanément sur le point M et dont la première MP est donnée, il faudra que la troisième force Q, qui est aussi donnée et représentée par MQ, se trouve égale et directement opposée à la résultante de MP et de R′. C'est ce qui va nous déterminer R′. En effet, prolongez QM au-delà du point M vers Q′; et, du point P menant à MR une parallèle qui coupera MQ′ quelque part en D, menez encore du point D une parallèle à PM, laquelle coupera le prolongement de RM quelque part en X. Alors, puisque MP, MX sont les directions de deux composantes P et R′, dont la résultante est dirigée suivant MQ′, ces deux composantes seront entre elles dans le rapport des longueurs MP, MX, c'est-à-dire que l'on aura

$$\frac{P}{R} = \frac{MP}{MX}.$$

Or, MP est connu, et MX est facile à trouver. Car, d'après la construction qui a déterminé le point X, DPMX est un parallélogramme, ce qui donne MX $=$ DP; et d'après la construction qui a déterminé le point D, DPMR est aussi un parallélogramme, ce qui donne DP $=$ MR; de là on tire MX $=$ MR, et par conséquent

$$\frac{P}{R} = \frac{MP}{MR}; \quad \text{or, on a} \quad \frac{P}{Q} = \frac{MP}{MQ};$$

donc on aura aussi

$$\frac{Q}{R} = \frac{MQ}{MR},$$

c'est-à-dire que, si les forces composantes P et Q sont respectivement représentées par les longueurs MP, MQ, leur résultante R le sera par la longueur MR, égale à la diagonale du parallélogramme construit sur MP et MQ, ce qui est la seconde partie du théorème.

COROLLAIRE I.

40. Il résulte de ce qui précède, que, lorsque deux forces quelconques P et Q sont appliquées à un même point matériel M, fig 34, si l'on représente ces deux forces ainsi que leur résultante R par des longueurs MP, MQ, MR, qui leur soient respectivement proportionnelles, et que l'on porte ces trois longueurs sur les directions propres des forces qu'elles représentent, cette construction donnera un triangle fermé MPR dont les relations trigonométriques représenteront tous les rap-

ports qui existent entre les intensités respectives des trois forces et leurs mutuelles inclinaisons.

Et comme, dans tout triangle composé de trois côtés et de trois angles, si l'on donne trois quelconques de ces élémens parmi lesquels il se trouve au moins un côté, on peut calculer les trois autres; de même, dans la combinaison des trois forces P, Q, R, dont la dernière est la résultante des deux autres, si, parmi les relations d'intensité et d'inclinaison qui existent entre elles, on s'en donne trois quelconques, parmi lesquelles il y ait au moins une des intensités, on pourra par le calcul trigonométrique déterminer les trois autres.

41. Par exemple, si l'on se donne les deux intensités des composantes P et Q, avec l'angle PMR que la première d'entre elles fait avec la résultante R, on connaîtra dans le triangle MPR deux côtés, savoir, $MP = P$, et $PR = MQ = Q$, avec l'angle PMR opposé à l'un d'eux; de sorte que tous les autres élémens du triangle, et par conséquent toutes les autres relations statiques des forces, s'obtiendront par la simple proportion des sinus aux côtés opposés. L'aspect seul du triangle MPR montre qu'en général les trois forces P, Q, R sont toujours entre elles *dans le rapport des sinus des angles formés par les directions des deux autres.*

42. Si, au lieu des données précédentes, on avait les forces P, Q, avec l'angle compris entre elles, on connaîtrait dans le triangle PMR, deux côtés MP, PR, avec l'angle compris MPR, supplément de l'angle donné PMQ que les forces comprennent entre elles : on n'aurait donc qu'à appliquer la méthode de Trigonométrie propre à ce cas particulier.

43. Enfin, si l'on se donnait les trois forces P, Q, R, on connaîtrait les trois côtés du triangle MPR, et l'on obtiendrait les angles, c'est-à-dire les inclinaisons mu-

tuelles des forces entre elles, par la formule qui donne le cosinus d'un angle quelconque d'un triangle en fonction des trois côtés.

44. Toutefois, au lieu de recourir dans chaque cas à la méthode trigonométrique, on peut fixer généralement les relations des forces P, Q, R, par des formules algébriques où il ne reste plus qu'à substituer des nombres ; c'est à quoi l'on parvient aisément de la manière suivante.

Ayant construit sur les trois forces le parallélogramme MPQR, fig. 35, lequel se trouve divisé par la diagonale MR en deux triangles égaux, menez par le point d'application M, une perpendiculaire indéfinie YZ à cette diagonale ; puis abaissez des points P et Q les droites Pp, Qq, perpendiculaires à MR, comme aussi Py, Qz, perpendiculaires à YZ. Les deux triangles MPp, QRq, formés de cette manière, seront évidemment égaux entre eux, de sorte que Pp ou My sera égal à Qq ou Mz ; et en outre, la longueur MR, qui se compose de $Mq + qR$, se trouvera aussi égale à $Mq + Mp$. Ces résultats, qui fixent les sommets du triangle MPR, étant écrits en Algèbre, renfermeront toutes les relations que nous voulons exprimer.

En effet, désignons toujours les trois forces par P, Q, R ; il faut nécessairement introduire dans le calcul leurs inclinaisons mutuelles. Appelons a l'angle PMR, a' l'angle QMR que chacune d'elles forme avec la résultante commune : alors, dans le triangle PMp, le côté Pp sera exprimé par $P \sin a$, et le côté Mp par $P \cos a$; pareillement, dans le triangle MQq, Qq sera $Q \sin a'$ et MQ sera $Q \cos a'$, de sorte qu'en exprimant les conditions géométriques trouvées plus haut, on aura pour l'égalité des perpendiculaires Pp et Qq,... $P \sin a = Q \sin a'$ (1),
et pour $MR = Mp + Mq$.... $R = P \cos a + Q \cos a'$ (2).

Ces deux formules très simples étant combinées ensemble, donneront toutes les relations des forces P, Q, R, et suffiront pour résoudre immédiatement toutes les questions que l'on pourra se proposer sur le concours de ces forces.

45. C'est ce que l'on va voir par l'emploi que nous allons en faire; mais auparavant il ne sera pas inutile de montrer *pourquoi* elles doivent avoir cette généralité.

Ayant mené la ligne YMZ perpendiculaire à la résultante MR, nous pouvons considérer MP comme la résultante de deux forces, dont l'une serait dirigée suivant MR, l'autre suivant YMZ. Il suffit pour cela que ces deux composantes soient convenablement déterminées par le parallélogramme des forces, suivant les deux directions qu'on leur attribue. Cette opération donne évidemment Mp pour l'une, My pour l'autre.

Faisons la même décomposition pour MQ; nous aurons pareillement pour nos deux composantes Mq, Mz.

Maintenant Mp, Mq, étant dirigées suivant la même droite MR, et de même sens, s'ajoutent ensemble et donnent une résultante égale à leur somme $P \cos a + Q \cos a'$. Les deux autres My, Mz, sont également dirigées sur la même droite, mais elles sont de sens contraires; elles se composent donc en une seule égale à leur différence $P \sin a - Q \sin a'$, ou $Q \sin a' - P \sin a$. Or, si cette différence n'est pas nulle, la force qu'elle exprime se composera avec $P \cos a + Q \cos a'$, et il en proviendra une résultante totale dirigée dans l'angle YMR ou ZMR, par conséquent différente de MR. Donc, si l'on veut exprimer que MR est *réellement* la résultante, comme on a l'intention de le faire, il faut écrire que la différence $P \sin a - Q \sin a'$ est nulle, et que la somme $P \cos a + Q \cos a'$ représente à elle seule la résultante cherchée : voilà aussi précisément les deux conditions qu'expriment les deux équations (1) et (2) du § 44.

46. Maintenant, pour montrer l'emploi de ces formules, appliquons-les d'abord à l'exemple du § 41, où l'on se donne les deux composantes P et Q avec l'angle PMR ou a, que la première d'entre elles forme avec la résultante R. Dans ce cas, la première des équations (1) donnera de suite a', c'est-à-dire l'angle de Q avec R ou QMR ; les deux angles a, a' étant connus ainsi que P et Q, R deviendra complètement calculable par l'équation (2). Mais on pourrait, dans ce cas particulier, obtenir R d'une manière plus simple ; car, si l'on prend la valeur de P dans l'équation (1) et qu'on la substitue dans l'équation (2), on trouvera après les réductions

$$R = \frac{Q \sin (a + a')}{\sin a},$$

ce qui donnera R par la simple proportion des sinus, comme en effet les considérations géométriques nous l'avaient indiqué § 41.

47. Prenons pour second exemple le cas du § 42 où l'on se donne les forces composantes P et Q, avec l'angle PMQ ou $a + a'$ compris entre elles.

Alors aucune des équations (1) et (2) n'est immédiatement calculable, puisque l'on ne connaît ni a, ni a', mais seulement leur somme : il faut donc modifier nos équations de manière à introduire cet élément. Pour cela, tirez de la première $\sin a'$, vous aurez

$$\sin a' = \frac{P \sin a}{Q}.$$

Ajoutant de part et d'autre $\sin a$ et le retranchant successivement, il vient

$$\sin a' + \sin a = \frac{(P+Q)\sin a}{Q}, \quad \sin a' - \sin a = \frac{(P-Q)\sin a}{Q}.$$

En divisant ces deux égalités l'une par l'autre, $\sin a$ disparaît du second membre, et il reste

$$\frac{\sin a' - \sin a}{\sin a' + \sin a} = \frac{P - Q}{P + Q};$$

or, on a en général

$$\frac{\sin a' - \sin a}{\sin a' + \sin a} = \frac{\tan \frac{1}{2}(a' - a)}{\tan \frac{1}{2}(a' + a)};$$

substituant dans l'équation précédente, il vient

$$\tan \tfrac{1}{2}(a' - a) = \frac{(P - Q)}{P + Q} \cdot \tan \tfrac{1}{2}(a' + a).$$

Le second membre est maintenant calculable, puisque $a' + a$ est donné ainsi que P et Q. On en déduira donc $a' - a$, et par suite a' et a, ce qui nous fera retomber sur le cas précédent, et alors on trouvera R par la proportion des sinus. Or, ces calculs sont aussi identiquement ceux que la méthode trigonométrique nous a indiqués dans le § 42, pour le cas que nous venons de considérer.

48. Enfin, veut-on prendre pour dernier exemple celui du § 43, où l'on se donne seulement les trois forces P, Q, R, sans assigner autrement leurs directions? Alors a et a' sont tous deux inconnus dans nos formules et il faut nécessairement chasser l'une de ces quantités par l'élimination pour pouvoir conclure l'autre. Passons donc tous les termes qui contiennent a', par exemple, dans un seul membre; nous aurons

$$P \sin a = Q \sin a',$$
$$R - P \cos a = Q \cos a'.$$

Maintenant élevons les deux membres de ces équations au carré et ajoutons-les ensemble : a' disparaîtra par cette opération ; car on aura alors dans le second membre $Q^2 (\sin^2 a' + \cos^2 a')$, et les relations des lignes trigonométriques entre elles nous apprennent que le carré du sinus d'un angle plus le carré de son cosinus forment toujours une somme égale au carré du rayon qui est ici pris pour unité. Il se présentera dans le premier membre une réduction pareille à faire sur les termes $P^2 \sin^2 a + P^2 \cos^2 a$; mais a ne disparaîtra pas complètement de ce premier membre, à cause du double produit de R par P cos a, de sorte qu'il restera après les réductions

$$R^2 - 2RP \cos a + P^2 = Q^2,$$

et par conséquent on en tirera

$$\cos a = \frac{R^2 + P^2 - Q^2}{2RP}.$$

a étant ainsi connu, on aura a' par la proportion des sinus, comme l'indique l'équation (1). Cette marche est encore identiquement celle de la méthode trigonométrique ; car l'expression précédente de cos a est exactement celle qui sert à résoudre un triangle, connaissant les trois côtés.

49. Les exemples qui précèdent comprenant tous les cas qui peuvent se présenter dans les applications, ne peuvent laisser aucune obscurité sur l'emploi et sur l'interprétation des formules (1) et (2) du § 44, et elles achèvent de mettre dans une complète évidence la généralité des expressions algébriques, et la simplicité de leur usage quand on sait les interpréter.

50. Néanmoins, en voyant les formules (1) et (2) reproduire ainsi à elles seules la solution de tous les cas

de la Trigonométrie, on peut se demander encore quelle
est la raison géométrique qui leur donne cette étendue;
de même que nous avons cherché dans le § 45 comment
elles se trouvaient exprimer toutes les conditions statiques de la composition de deux forces concourantes.

C'est qu'en effet ces deux formules renferment et
expriment toutes les conditions nécessaires pour que le
triangle PMR, construit sur la résultante R et ses composantes, existe géométriquement. Car soit PMR, fig. 36,
ce triangle dont les côtés doivent être P, Q, R. Du sommet P, menez Pp perpendiculaire au côté R, vous aurez
ainsi partagé le triangle total PMR en deux triangles
rectangles PMp, PRp, qui devront avoir Pp pour hauteur commune; c'est ce qu'exprime l'équation

$$P \sin a = Q \sin a'.$$

Mais cette relation ne suffit pas pour écrire que les trois
côtés P, Q, R appartiennent à un même triangle; car
elle pourrait s'appliquer également à deux triangles
rectangles séparés l'un de l'autre, tels que PMp, $P'Rp'$,
fig. 37, pourvu que les hauteurs Pp, $P'p'$ de ces deux
triangles fussent égales entre elles. Il faut donc encore
une condition qui rejoigne ces deux triangles l'un à
l'autre pour en faire un triangle unique PMR. C'est
précisément là ce que fait l'équation

$$(2) \quad R = P \cos a + Q \cos a';$$

car elle exprime que la longueur MR, représentée ici
par R, est exactement égale à la somme des lignes Mp,
Rp', dont les valeurs algébriques sont respectivement
$P \cos a$ et $Q \cos a'$. Or cette égalité ne peut avoir lieu
sans que les points P, p' coïncident. Elle achève donc
ainsi de *fermer* le triangle construit sur les trois lignes
P, Q, R. Voilà *pourquoi* les équations (1) et (2) réunies

ensemble renferment toutes les relations de la Trigonométrie plane, et suffisent pour en reproduire tous les
résultats.

COROLLAIRE II.

51. Il nous sera utile par la suite de signaler ici un
cas particulier de la décomposition des forces, qui s'est
déjà présenté à nous dans ce qui précède et qui revient
continuellement dans les applications. C'est celui où
l'on se propose de décomposer une force R ou MR, fig. 38,
suivant deux directions rectangulaires l'une à l'autre.
Alors la construction générale rend le parallélogramme
rectangle; et si l'on représente par a, a', les deux angles
PMR, QMR qui, pris ensemble, valent alors un angle
droit, les triangles PMR, QMR donnent

$$PM = MR \cos a, \quad \text{ou} \quad P = R \cos a,$$
$$QM = MR \cos a', \quad \text{ou} \quad Q = R \cos a',$$

c'est-à-dire que, *dans les décompositions rectangulaires,
chaque composante se trouve égale au produit de la résultante par le cosinus de leur mutuelle inclinaison.
Dans ce cas, les longueurs* MP, MQ, *qui représentent les
deux composantes, sont les projections orthogonales de
la résultante sur chacune des directions de ces forces.*
Ceci est une manière différente et assez usitée d'énoncer
le théorème précédent.

COROLLAIRE III.

52. Les résultats de la composition des forces concourantes peuvent se présenter sous une forme analogue à
celle que nous avons employée § 31, 36 pour les forces
parallèles; et il y a d'autant plus d'intérêt à le faire, que
ces deux cas si différens en apparence, se rassemblent ainsi
dans un énoncé commun.

Pour y parvenir, suivons une marche semblable à celle du § 31, soient P et Q nos deux forces composantes, formant les angles a et a' avec leur résultante R. Nous avons à construire ici la relation

$$R = P \cos a + Q \cos a',$$

qui est analogue à $R = P + Q$ du § 31. Par le point d'application M, fig. 39, menons, dans le plan des forces, une droite indéfinie MZ suivant une direction absolument arbitraire, et nommons A l'angle ZMR qu'elle forme avec la résultante MR. Si nous multiplions les deux membres de l'équation précédente par $\sin A$, il viendra

$$R \sin A = P \cos a . \sin A + Q \cos a' . \sin A ;$$

remplacez $\cos a.\sin A$ par $\sin (A - a) + \cos A.\sin a$ dans le terme en P, et $\cos a' \sin A$ par $\sin (A + a') - \cos A.\sin a'$ dans le terme en Q, vous aurez

$$R \sin A = P \sin (A - a) + Q \sin (A + a') + \cos A (P \sin a - Q \sin a').$$

Or la portion du second membre qui est multipliée par $\cos A$ est nulle d'elle-même, d'après la relation générale (1)

$$P \sin a = Q \sin a';$$

on a donc simplement

$$R \sin A = P \sin (A - a) + Q \sin (A + a');$$

c'est-à-dire

$$R \sin ZMR = P \sin ZMP + Q \sin ZMQ.$$

Cette forme est déjà analogue à celle du § 31; mais on peut encore l'en rapprocher davantage. Pour cela ayant pris arbitrairement un point O sur la droite MZ, construisez sur MO comme corde, un arc de cercle capable d'un certain angle quelconque C, que vous choisirez à volonté. Alors si A, B, C, sont les trois points où cet arc coupe les trois directions des forces, les droites OA, OB, OC, que nous représenterons respectivement par X_p, X_q, X_r, feront toutes le même angle C avec chacune de ces trois directions; ainsi dans les trois triangles formés par MO avec ces droites, la proportion des sinus aux côtés opposés donnera

$$\sin ZMR = X_r \cdot \frac{\sin C}{MO},$$

$$\sin ZMP = X_p \cdot \frac{\sin C}{MO},$$

$$\sin ZMQ = X_q \cdot \frac{\sin C}{MO};$$

Substituant ces trois sinus dans notre équation, le rapport $\frac{\sin C}{MO}$ disparait comme facteur commun, et il reste

$$(a) \qquad RX_r = PX_p + QX_q;$$

relation parfaitement analogue à celle des § 31, 36, à cela près que les droites X_p, X_q, X_r, qui coupent les forces sous le même angle, ont des directions diverses, tandis que dans les § 31, 36, le parallélisme des forces P, Q, R, les faisait coïncider.

Cette relation ayant été déduite de la combinaison des équations fondamentales (1) et (2), peut servir à remplacer une quelconque d'entre elles. Nous la substituerons à l'équation (1); alors pour compléter les conditions du problème, il faudra lui adjoindre l'équation (2), savoir:

$$(b) \qquad R = P \cos a + Q \cos a',$$

qui est analogue à $R = P + Q$ du § 31, et les équations (a) et (b) ainsi préparées conviendront généralement à la composition de deux forces soit concourantes soit parallèles.

En effet, pour passer d'un de ces cas à l'autre, vous n'avez qu'à supposer que dans la fig. 39, le point d'application M s'éloigne de plus en plus du point O sur la droite fixe OZ, en laissant les distances OC, OA, OB constantes ainsi que l'angle commun C. Cela est toujours géométriquement possible; seulement il faudra que les angles ZMR, ZMP, ZMQ, dont nous avons trouvé plus haut les sinus, diminuent en même temps que MO augmente, conformément à leurs expressions algébriques; ce qui les oblige à devenir tout-à-fait nuls lorsque le point M se sera éloigné du point O sur la droite OZ à une distance infinie. Or, quand il en sera ainsi, les directions des forces P, Q, R, deviendront toutes trois parallèles à la droite ZO, fig. 40, conséquemment elles seront parallèles entre elles; leurs inclinaisons mutuelles a et a' deviendront donc nulles, ce qui rendra leurs cosinus égaux à l'unité; et les droites OA, OC, OB, coïncidant les unes sur les autres en direction, sans changer de longueur, iront toujours couper les directions communes des forces sous un même angle C, comme précédemment: on aura donc toujours

$$(a) \qquad RX_r = PX_p + QX_q,$$

comme dans le cas des forces concourantes; mais l'équation (b) sera réduite à

$$R = P + Q,$$

précisément comme le veut l'équation (2) du § 31. Cet exemple, en montrant à découvert la transition progressive d'un de ces cas à l'autre, est très propre à les éclairer tous deux.

CHAPITRE VII.

Conséquences générales des theorèmes précédens.

Composition d'un nombre quelconque de forces parallèles appliquées à un corps solide.

53. Lorsque l'on sait composer ensemble deux forces parallèles appliquées aux extrémités d'une droite rigide, il est facile d'étendre cette opération à un nombre quelconque de forces parallèles entre elles, appliquées aux sommets d'un polygone rigide de figure quelconque, compris ou non dans un même plan. En effet, soient, fig. 41, A_1, A_2, A_3,..... ces sommets en nombre quelconque; et $A_1 P_1$, $A_2 P_2$, $A_3 P_3$,..... les forces parallèles qui y sont individuellement appliquées, lesquelles nous supposerons d'abord dirigées dans un même sens. On pourra, en vertu du § 23, composer P_1 et P_2 en une seule résultante R_1 égale à leur somme $P_1 + P_2$ et appliquée sur la même droite en un point C_1, tel que les produits $P_1 . A_1 C_1$ et $P_2 . A_2 C_2$ soient égaux entre eux. Puis, joignant le point C_1 au sommet suivant A_3 du polygone, on pourra considérer $C_1 A_3$ comme une droite rigide, puisque, d'après la nature même du polygone, les points C_1 et A_3 qui en font partie se trouvent maintenus à une distance invariable entre eux. Mais alors

les forces R_1 et P_3 étant appliquées aux extrémités de cette droite, pourront se composer en une seule résultante R_2 égale à leur somme, c'est-à-dire à $R_1 + P_3$ ou $P_1 + P_2 + P_3$, et appliquée en un point C_2 dont la position sur $C_1 A_3$ sera pareillement déterminable. Cette seconde résultante à son tour étant composée avec P_4, donnera une nouvelle résultante R_3 égale à $R_2 + P_4$, et ainsi de suite; d'où l'on voit qu'en définitif toutes les forces se composeront en une seule résultante R, égale à leur somme totale $P_1 + P_2 + P_3 \ldots\ldots$ et appliquée en un certain point C dont la position se trouvera déterminée par la succession même de ces opérations.

Et si, au lieu de supposer toutes les forces dirigées dans un même sens, on supposait qu'il y en a un certain nombre dirigées dans un sens et les autres en sens contraire, en les laissant toujours parallèles, il est clair que l'on pourrait, comme nous venons de le dire, obtenir d'abord une résultante partielle pour chaque sens de forces; puis, si ces deux résultantes étaient inégales, on pourrait par le § 32 les composer en une seule, égale à l'excès de la plus grande sur la plus faible, et dont le point d'application serait pareillement déterminé; mais si les deux résultantes opposées se trouvaient égales, elles ne seraient plus réductibles à une seule force, § 33, de sorte qu'il faudrait les laisser subsister individuellement ou les considérer comme un couple appliqué au polygone donné.

Enfin, si le système des forces parallèles n'était pas immédiatement appliqué à un polygone rigide, mais à divers points d'un corps solide; comme, d'après la définition d'un pareil corps, § 11, tous ses points sont rigidement liés ensemble, et maintenus entre eux à des distances invariables les uns des autres, on pourrait représenter cette invariabilité en supposant les points d'application particuliers des forces, joints entre eux par autant de droites rigides faisant partie du corps même; ce qui formerait un polygone rigide aux sommets duquel les forces seraient appliquées; de sorte que l'on pourrait les combiner par composition successive, et les réduire à une résultante unique, ou à deux résultantes égales agissant en sens contraires, comme dans les cas précédens : et cette résultante totale ou ces résultantes partielles devraient être considérées comme agissant sur le corps solide aux points respectivement obtenus pour leur application.

54. Les choses étant ainsi disposées, concevons que les forces composantes P_1, P_2, P_3, primitivement appliquées au système solide, prennent toutes simultanément une nouvelle direction dans l'espace en restant toujours parallèles entre elles, et conservant toujours leurs mêmes points d'application primitifs. Il est clair que leur composition successive s'opérera encore de la même manière. Ainsi les résultantes, soit totales, soit partielles, auront encore les mêmes valeurs, puisque elles sont respectivement égales à la somme des composantes qui agissent dans leur sens propre; et leurs points d'application respectifs dans le corps solide resteront également les mêmes, puisque le polygone rigide auquel les composantes sont censées appliquées et le mode de division successive des côtés de ce polygone, seront absolument les mêmes que précédemment. Il n'y aura donc en tout de changé que la direction des résultantes définitives, soit totales, soit partielles, laquelle se trouvera parallèle à la nouvelle direction que les composantes auront prise dans l'espace.

55. Changer ainsi la direction générale des composantes dans l'espace, le corps restant fixe, c'est absolument la même chose que de changer la position du

corps autour de la direction des forces, celle-ci demeurant fixe, et les forces restant appliquées aux mêmes points matériels, avec leur même intensité. Les points d'application des résultantes, soit partielles, soit totales, resteront donc encore les mêmes dans le corps solide, si on le fait ainsi tourner autour de la direction des forces supposées invariables. Cette propriété a fait donner aux points dont il s'agit le nom de *centres des forces parallèles*; lequel s'emploie ordinairement d'une manière spéciale pour chaque système de forces parallèles agissant dans un même sens.

56. L'extrême simplicité de ces résultats aurait sans doute permis de les placer immédiatement à la suite des théorèmes relatifs à la composition de deux forces parallèles; mais nous n'avons pas voulu les énoncer d'une manière purement abstraite, comme nous aurions été obligé de le faire alors. Nous avons trouvé préférable de les accompagner des importantes applications qui s'en déduisent relativement à la pesanteur terrestre et aux actions magnétiques du globe, deux des phénomènes les plus grands et les plus remarquables que l'univers physique présente à nos réflexions.

Pour nous élever à ces conséquences, il faut remarquer d'abord que les théorèmes démontrés dans les précédens paragraphes sont vrais, quel que soit le nombre des forces ou composantes partielles qui se trouvent appliquées au corps solide que l'on considère. Ils subsisteraient encore dans toute leur rigueur quand même le nombre des forces ainsi appliquées serait infini; ce dernier cas est précisément celui que la nature réalise dans l'action de la pesanteur.

57. On sait que tous les corps qui se rencontrent sur la terre sont *pesans*, c'est-à-dire qu'abandonnés librement à eux-mêmes, ils tombent aussitôt vers la surface

terrestre; et même, lorsqu'ils sont soutenus par quelque
obstacle fixe, leur tendance à tomber se fait sentir encore
par la pression qu'ils exercent contre cet obstacle, et que
l'on appelle leur *poids*. La *pesanteur* qui les tire ainsi
vers la terre est une force qui pénètre leur masse et sollicite leurs moindres particules. En effet, chacune de ces
particules, si petite qu'on la suppose, étant détachée du
reste du corps, et abandonnée librement à elle-même
dans le vide, tombe encore, quoique isolée; et l'effort
qu'elle fait pour cela est exactement le même qu'elle faisait avant d'être détachée du système total dont elle faisait partie; car des expériences journalières prouvent que
le poids d'un corps ne change pas après qu'on l'a divisé.

La direction suivant laquelle la pesanteur s'exerce, est
le premier élément de son action que nous devions chercher à déterminer. On y parvient à l'aide d'un appareil
nommé *fil-à-plomb*; il consiste en un corps pesant M,
fig. 42, de forme quelconque, que l'on suspend par un de
ses points à un fil flexible et inextensible CM, dont l'autre
bout est attaché à un point fixe C. Ce corps, sollicité par
la pesanteur, tombe jusqu'à ce que la tension du fil l'arrête; donc, lorsqu'il est ainsi arrêté, la résultante de la
pesanteur qui le sollicite est dirigée suivant le fil, et se
transmet par lui au point fixe qui la détruit. Maintenant,
que l'on suspende ainsi, dans un même lieu de peu d'étendue, un nombre quelconque de fils-à-plomb aussi fins
que l'on voudra, auxquels soient suspendus autant de
corps pesans de forme et de nature quelconque; si l'on
regarde ces fils de manière à les projeter successivement
les uns sur les autres, on verra qu'ils s'y alignent exactement dans toute leur longueur; et l'observation pouvant se répéter en tous sens, il s'ensuit qu'ils sont sensiblement parallèles entre eux. De plus, si l'on place
au-dessous d'eux un large vase rempli d'eau ou d'un autre
liquide pesant quelconque, à l'état de repos, dont la sur-

face soit par conséquent plane et horizontale, on observe que l'image de chaque fil, vue par réflexion, coïncide avec son image vue directement. Or c'est une règle de la réflexion, que chaque point de l'objet et l'image de ce point, sont toujours dans un même plan perpendiculaire à la surface réfléchissante; donc, ici, tous les points du fil se trouvent dans un même plan ainsi conduit; et comme la même coïncidence s'observe dans tous les sens autour du fil, on voit qu'il se trouve être la commune section d'autant de plans perpendiculaires à la surface plane et horizontale formée par le liquide en repos; d'où il suit que sa direction, qui est celle de la pesanteur, est elle-même perpendiculaire à cette surface.

Cette direction s'appelle la *verticale* de chaque lieu. Or, d'un lieu à un autre, la surface des eaux tranquilles change dans l'espace, en suivant partout la convexité du sphéroïde terrestre. Donc, la direction de la pesanteur, qui lui est partout perpendiculaire, change également; mais, par cela même, on conçoit que son changement ne doit devenir sensible qu'à de grandes distances, qui surpassent incomparablement les dimensions de tous les corps que nous pouvons avoir besoin de considérer. Ainsi, pour chaque corps en particulier, la pesanteur qui sollicite ses diverses parties peut être censée agir suivant des directions parallèles entre elles et *verticales*, c'est-à-dire normales à la surface plane des eaux dans le lieu de l'observation. D'après cela, nous pouvons appliquer à ce cas tout ce que nous avons démontré plus haut en général, relativement à la composition des forces parallèles. Les efforts partiels de la pesanteur sur divers points d'un même corps, se composeront en une résultante unique et verticale, qui sera son *poids*, et dont la direction passera toujours par un certain point unique de sa masse, dans quelque sens qu'on le tourne relativement à la verticale. Ce point, ou centre des forces, prend alors le nom de *centre de gravité*, et sa position dans chaque corps peut, comme nous le verrons tout à l'heure, se déterminer d'après les principes expliqués plus haut.

58. Supposons-le connu. Si on le fixe d'une manière invariable, on pourra tourner le corps comme on voudra autour de lui; ce corps restera en équilibre dans toutes les positions où on le placera. Si ce n'est pas le centre de gravité qui est fixe, mais un autre point faisant partie du corps solide, alors il est nécessaire et il suffit pour l'équilibre, que la droite qui joint ce point et le centre de gravité soit verticale, ce centre pouvant d'ailleurs se trouver au-dessus du point fixe ou au-dessous. Car le poids du corps étant une force verticale, dont la direction passe par son centre de gravité, et peut lui être censée appliquée, cette direction, dans les deux situations que nous venons d'indiquer, passera aussi par le point fixe; et son effort, transmis par les molécules rigides du corps jusqu'à ce point, sera détruit par sa résistance.

Si le centre de gravité est plus haut que le point fixe, le corps sera *supporté*; dans le cas contraire, il sera *suspendu*.

On peut employer le fil-à-plomb pour déterminer la position du centre de gravité d'un corps. En effet, si l'on suspend successivement celui-ci par deux de ses points, et que l'on trace dans chaque cas, effectivement ou idéalement, la prolongation du fil de suspension à travers le corps lorsque l'équilibre est parfaitement établi, ces deux directions se couperont nécessairement en un point, qui est le centre de gravité.

On peut aussi déterminer la position de ce centre en faisant supporter le corps par un plan horizontal, de manière qu'il ne touche ce plan qu'en un de ces points, et essayant de le dresser de manière qu'il se tienne en équilibre sur ce point là. En effet, si cela avait lieu, son centre de gravité se trouverait alors sur la verticale menée par le point de contact. C'est ce qui peut s'opérer ai-

sément et avec beaucoup d'exactitude , en l'appuyant la-
téralement par un petit plan incliné , susceptible d'être
élevé graduellement sous divers angles au moyen d'une
vis, comme le représente la fig. 43; et alors tout se réduira à observer l'inclinaison de ce plan au moment où
le corps qu'il appuie se renverse du côté opposé. Une
autre expérience pareille, faite dans un sens différent ,
donnera une autre verticale qui devra aussi passer par
le centre de gravité; et l'intersection mutuelle de ces
deux lignes déterminera sa position dans le corps.

59. Ces déterminations sont purement expérimentales.
Mais ne pourrait-on pas y arriver également, ou du moins
en limiter la recherche aux termes les plus simples, par
le secours du calcul mathématique? Cela importe à examiner , car les applications du calcul , lorsqu'elles sont
possibles, ont une rigueur d'exactitude que l'expérience
seule n'atteint jamais. Or, puisque le centre de gravité
de chaque corps résulte de la composition de toutes les
actions que la pesanteur exerce sur les diverses particules
matérielles dont ce corps est l'assemblage, on conçoit
que sa position doit dépendre à la fois de la forme du
corps et de la manière , égale ou inégale , uniforme ou
variable, dont la matière pesante se trouve distribuée
dans son intérieur. Le premier de ces élémens, *la forme*,
se peut conclure par des mesures immédiates : le second,
le mode de distribution de la matière pesante , s'obtient
par des expériences qui font connaître, pour chaque portion du corps, ce que l'on appelle en Physsque *sa densité*.
Avec ces données, la détermination du centre de gravité
n'est que l'application littérale du procédé de la composition successive que nous avons exposé plus haut, § 53.
Mais, pour rendre ce procédé d'un usage commode , il
faut d'abord le réduire en formule immédiatement calculable; tel est l'objet des paragraphes suivans.

60. Concevons, comme dans la Géométrie descriptive,

que la position du système solide auquel les forces parallèles s'appliquent soit, ainsi que ces forces mêmes,
rapportée à trois plans rectangulaires ZOX, ZOY, OXY,
fig. 44; et, supposant que A_1, A_2, soient deux des points
ou élémens matériels auxquels les forces parallèles
A_1P_1, A_2P_2 ou P_1, P_2, sont respectivement appliquées,
composons d'abord ces deux forces en une seule C_1R_1
ou R_1 dont C_1 désignera le point d'application; on aura
évidemment, § 23,

$$R_1 = P_1 + P_2,$$
$$P_1.A_1C_1 = P_2.A_2C_1.$$

Maintenant, des points A_1, A_2, C_1, menez des perpendiculaires A_1M_1, A_2M_2, C_1O_1, sur le plan ZOY,
et représentez-les respectivement par x_1, x_2, X_1. Elles
exprimeront les distances respectives des trois points
à ce plan, parallèlement à la ligne OX, que l'on
pourra, si l'on veut, considérer comme la ligne de
terre. Or, si, des points A_1, A_2, et dans le plan
$M_1A_1M_2A_2$, vous menez A_1A, A_2B, parallèles au plan
ZOY, conséquemment perpendiculaires à O_1C_1, les
deux triangles A_1AC_1, A_2BC_1 seront semblables, comme

étant équiangles; de sorte que le rapport $\dfrac{AC_1}{BC_1}$ sera

égal au rapport $\dfrac{A_1C_1}{A_2C_1}$; ainsi, à la place des deux

équations précédentes, on pourra écrire

$$R_1 = P_1 + P_2,$$
$$P_1.AC_1 = P_2.BC_1;$$

de là, comme dans le § 3, on déduira tout de suite

$$R_1.O_1C_1 = P_1.O_1A + P_2.O_1B,$$

ou, puisque

$$O_1A = M_1A_1 = x_1 \quad \text{et} \quad O_1B = M_2A_2 = x_2,$$
$$R_1X_1 = P_1x_1 + P_2x_2,$$
$$R_1 = P_1 + P_2.$$

Sous cette forme, nous n'avons plus de construction à faire ; la seule analogie des formules suffira pour nous conduire dans tout le reste de la composition successive. Car, par exemple, lorsque l'on composera R_1 avec P_3, on aura de même, en nommant la nouvelle résultante R_2,

$$R_2X_2 = R_1X_1 + P_3x_3,$$
$$R_2 = R_1 + P_3,$$

et lorsque l'on composera R_2 avec P_4, la nouvelle résultante étant R_3, on aura

$$R_3X_3 = R_2X_2 + P_4x_4,$$
$$R_3 = R_2 + P_4,$$

d'où l'on voit évidemment que, si l'on élimine les résultantes successives, pour ne conserver que la dernière R, avec la distance X de son point d'application au plan ZOY, on aura en définitif

$$\text{(1)} \qquad RX = P_1x_1 + P_2x_2 + P_3x_3 + \text{etc.},$$
$$R = P_1 + P_2 + P_3 \ldots, + \text{etc.},$$

ce qui exprime les résultats de la composition successive d'une manière à la fois générale et simple.

61. Il est d'usage en Statique d'appeler *moment statique d'une force par rapport à un plan*, le produit de la force par la distance de son point d'application au plan dont il s'agit. En adoptant cette expression, les produits partiels P_1x_1, P_2x_2, P_3x_3... sont les momens statiques des composantes P_1, P_2, P_3,...

relativement au plan ZOY ; et le produit RX est le moment statique de la résultante totale, relativement au même plan : alors les équations (1) peuvent s'énoncer de la manière suivante, qu'il importe de retenir, à cause de son usage continuel.

Lorsqu'un nombre quelconque de forces, parallèles entre elles, sont appliquées simultanément à divers points d'un corps solide, la résultante totale de ces forces est égale à la somme des composantes ; et le moment statique de la résultante par rapport à un plan quelconque est égal à la somme des momens des composantes par rapport au même plan.

62. Si l'on suppose le système donné de position relativement au plan ZOY, les distances x_1, x_2, x_3..... seront toutes connues. Si, en outre, la nature physique du système est donnée, on connaîtra les intensités des forces composantes appliquées à chacun de ses élémens matériels, c'est-à-dire P_1, P_2, P_3.... etc. Alors la seconde équation fera connaître R ou la résultante totale ; et ensuite la première fera connaître X, c'est-à-dire la distance de son point d'application au plan ZOY. Si l'on mène, à cette distance, un plan parallèle à ZOY, on sera sûr que le point d'application de la résultante y est contenu.

63. Ceci ne suffit donc pas pour le déterminer d'une manière complète ; mais rien n'empêche d'opérer relativement aux deux autres plans coordonnés ZOX, XOY, comme nous l'avons fait relativement au plan ZOY ; et, en représentant respectivement par les lettres y et z les distances qui leur sont perpendiculaires, chacun d'eux donnera lieu à deux équations pareilles aux précédentes, de sorte qu'en les rassemblant on aura

$$(1) \quad \begin{aligned} RX &= P_1 x_1 + P_2 x_2 + P_3 x_3 \ldots \ldots + \text{etc.}, \\ RY &= P_1 y_1 + P_2 y_2 + P_3 y_3 \ldots \ldots + \text{etc.}, \\ RZ &= P_1 z_1 + P_2 z_2 + P_3 z_3 \ldots \ldots + \text{etc.}, \\ R &= P_1 + P_2 + P_3 \ldots \ldots + \text{etc.} \end{aligned}$$

La dernière fera connaître R, après quoi les trois autres détermineront respectivement X, Y, Z, c'est-à-dire les trois distances du centre des forces parallèles aux trois plans donnés ZOY, ZOX, XOY. Ce centre sera donc ainsi complètement connu dans tous les cas possibles sans aucune indétermination, puisqu'il devra se trouver à la fois dans trois plans rectangulaires, connus de position; et l'on voit qu'il sera toujours unique pour chaque système, puisque trois plans rectangulaires ne se coupent jamais en plus d'un point.

Ces formules, comme celles du § 36, peuvent embrasser à la fois la composition des forces parallèles dirigées dans un même sens ou dans des sens contraires. Pour cela, il suffit d'y supposer les unes positives, et de désigner l'inversion de sens des autres en les affectant du signe négatif, comme nous l'avons remarqué dans le paragraphe cité. Alors, si les deux systèmes de forces ainsi opposés sont tels que leurs résultantes partielles soient égales, leur réduction à une seule résultante deviendra physiquement impossible. C'est ce que montrent en effet les formules précédentes; car, si l'on suppose R nul, comme cela devrait avoir lieu dans le cas de l'égalité des résultantes partielles dirigées en sens contraires, les trois premières équations donnent les distances X, Y, Z, infinies, ce qui est l'extension du résultat paradoxal obtenu § 33 pour un cas pareil.

En outre, pour plier les formules (1) à toutes les positions possibles du système relativement au plan ZOY, il faudra ici, de même que dans le § 36, considérer

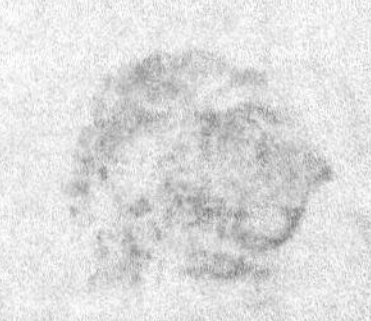

comme positives les distances $x_1, x_2, x_3 \ldots$ lorsqu'elles seront comptées d'un certain côté convenu du plan ZOY; et affecter du signe négatif, ou considérer comme affectées de ce signe, celles qui seront situées du côté opposé.

64. Les formules (1), ainsi interprétées, n'offrent aucun sujet de difficulté ou d'incertitude, lorsqu'on les applique à des systèmes de points matériels distincts, sollicités individuellement par des forces dont l'intensité est connue. Mais il y a quelques considérations essentielles à ajouter pour en faire comprendre nettement l'extension à des systèmes matériels continus, tels que les corps physiques que la nature nous présente.

Commençons par considérer le cas simple où un tel corps serait constitué de manière que toutes les parties de sa masse offrissent des poids égaux à volume égal, quelle que pût être d'ailleurs l'identité ou la différence de leur nature chimique. Cet état est celui que l'on appelle *une densité uniforme*. Si l'on conçoit ce corps comme consistant dans l'aggrégation d'un nombre infini d'élémens géométriques tous d'un même volume, et individuellement si petits que leur apposition représente, sans aucune erreur appréciable, le volume figuré de la masse totale, l'effort de la pesanteur sur chacun de ces petits élémens devra être égal, d'après la supposition même, c'est-à-dire qu'ils auront des poids égaux. Alors, chacun de ces poids partiels représentera l'une des forces partielles $P_1, P_2, P_3 \ldots$ qui deviendront ainsi toutes égales entre elles; et la résultante totale R, égale à leur somme, deviendra le poids total du corps entier. Il restera donc à effectuer la somme des momens statiques des poids élémentaires, c'est-à-dire la somme de ces poids respectivement multipliés par leurs distances $x_1, x_2, x_3 \ldots$ Cette somme, si on peut l'obtenir en termes finis, étant divisée par le poids total R, donnera la distance X du centre de gravité au plan ZOY. On obtiendra de la même manière les deux autres distances Y et Z, qui achèvent de le déterminer.

Si la constitution physique du corps proposé est telle que les diverses parties de sa masse offrent des poids différens, à volume égal, ce que l'on appelle avoir une *densité variable*, il faudra encore le décomposer, comme tout à l'heure, en élémens géométriques d'un même volume; mais il faudra concevoir cette subdivision mathématique poussée à un tel point, que la variation de la densité puisse être considérée comme insensible, dans toute l'étendue d'un même petit élément Quelle que puisse être la variabilité de nature et de densité d'un corps, le calcul, que rien n'arrête, peut toujours atteindre cette limite de décomposition idéale, qui ramène le corps à être composé d'élémens matériels d'égal volume *individuellement de densité uniforme*, ou du moins, si près de l'être que la différence soit au-dessous de toute quantité donnée. Alors le poids de chacun de ces élémens représentera dans nos formules une des forces composantes P_1, P_2, P_3.... etc. ; et R représentera la somme totale de ces poids, comme précédemment. Mais, à cause de la variation de densité, d'un élément à l'autre, les poids partiels P_1, P_2, P_3.... etc., seront inégaux, et il faudra les introduire avec cette inégalité dans les formules, en les multipliant toujours respectivement par les distances x_1, x_2, x_3... etc., qui leur appartiennent.

Si l'on peut effectuer la somme de tous ces produits partiels, et en obtenir l'expression finie, il n'y aura qu'à la diviser, comme précédemment, par le poids total R, et le quotient sera la distance du centre de gravité du corps au plan que l'on aura considéré. On sent combien la variation de poids des élémens partiels doit rendre ici le calcul plus compliqué et plus difficile.

Ces sommations de produits en nombre infini, s'obtiennent par un genre particulier de calcul qui est trop élevé pour que son nom même ait ici sa place. Mais, lorsque l'on se borne à considérer des corps d'une densité partout égale, et de la configuration la plus simple, l'opération peut quelquefois s'effectuer assez facilement pour que nous devions en offrir ici des exemples, afin de donner une idée complètement nette et précise de cette importante théorie.

65. À cet effet, nous ferons remarquer un caractère qui se tire de nos formules générales, et qui, dans beaucoup de cas, donne d'une manière très simple une ligne droite, ou un plan qui contient le centre de gravité. Ce caractère consiste en ce que, si l'un des plans coordonnés ZOY, ZOX, XOY, se trouve passer par le centre de gravité même, auquel cas la distance X, Y ou Z, relative à ce plan, devient nulle, la somme algébrique des produits des poids partiels par leurs distances respectives, qui compose le second membre des équations (1), devient nulle aussi; ce qui tient à l'opposition de signes et à l'égalité parfaite qu'acquièrent alors les sommes partielles des momens statiques, effectuées des deux côtés du plan de partage; et réciproquement, si l'on peut partager le corps par un plan qui rende cette somme nulle, on sera sûr qu'il rend X, Y ou Z nuls, par conséquent qu'il contient le centre de gravité. Or, c'est à quoi la seule raison de symétrie conduit dans beaucoup de cas, comme on en verra plus bas des exemples.

PROBLÈME I.

Soit proposé de trouver le centre de gravité d'un parallélogramme de densité uniforme ABCD, fig. 45.

66. D'abord, pour donner à cette question une réalité physique, il ne faut pas se figurer le parallélogramme

proposé comme étant une surface absolument mathématique, sans aucune épaisseur ; car nous ignorons si
l'action de la pesanteur s'attacherait physiquement à
une pareille surface. Mais on peut le considérer comme
ayant seulement, dans tous ses points, l'infiniment petite
épaisseur nécessaire pour que cette action ait lieu.
Alors, ses élémens superficiels correspondront à des élémens matériels dont la masse leur sera proportionnelle,
à cause de la constance supposée de l'épaisseur.

Ceci bien entendu, je dis que le centre de gravité du
parallélogramme ABCD sera situé sur l'une et l'autre
de ses diagonales, et d'abord sur la diagonale AC.

En effet, cette diagonale partage le parallélogramme
en deux triangles identiquement égaux tant en surface,
qu'en configuration et en densité. D'après cela si, dans
l'un de ces triangles, ABC, par exemple, vous isolez par
la pensée un élément superficiel de figure quelconque, il
existera dans l'autre triangle ADC un élément superficiel
exactement égal, de même poids, et situé à la même distance de la diagonale AC. Ainsi, en prenant cette diagonale pour la trace du plan des momens ZOY, supposé normal au plan du parallélogramme, les momens statiques
des deux élémens par rapport à cette trace seront égaux
entre eux, et leur somme algébrique sera nulle, puisque
l'opposition de leur situation des deux côtés de cette ligne
exige qu'on les affecte de signes contraires dans celle des
équations (1) qui les renferme. La même compensation
étant applicable à toutes les paires d'élémens symétriques
que l'on voudra considérer dans les deux triangles, elle
aura évidemment lieu pour leur somme totale, d'où il
suit que le moment statique de la résultante totale, relativement à la diagonale AC sera nul, et par conséquent
cette diagonale contient le centre de gravité du parallélogramme ABCD, supposé d'une densité uniforme.

On aurait pu arriver à ce résultat sans remonter aux élémens superficiels des deux triangles, et par la seule comparaison des résultantes partielles propres à chacun d'eux. En effet, pour le triangle ABC, par exemple, fig. 46, cette résultante partielle, que nous nommerons R_1, et qui sera le poids de ce triangle, se trouvera appliquée en un certain point inconnu G_1, qui sera le centre de gravité de ABC. Mais, en vertu de l'identité absolue des deux triangles, sous le double rapport de la forme et de la densité, la résultante partielle relative à ACD, ou son poids, devra aussi se trouver appliquée en un point ou centre de gravité G_2, symétrique à G_1, c'est-à-dire situé à la même distance de la base AC des deux triangles ; et en outre cette seconde résultante R_2 sera exactement égale à R_1. Conséquemment, lorsque l'on composera les deux résultantes R_1, R_2, en une seule R égale à leur somme, ou au poids total du parallélogramme, cette résultante définitive aura son point d'application au milieu de la ligne $G_1 G_2$, conséquemment sur la diagonale AC.

Le raisonnement que nous venons de faire pour cette diagonale se ferait également pour la seconde BD, fig. 47, que l'on peut mener entre les deux autres sommets du parallélogramme ; et l'on prouverait de même que le centre de gravité du parallélogramme doit se trouver sur celle-ci. Devant être à la fois sur les deux diagonales, il sera nécessairement à leur point d'intersection G, ce à quoi conduisait également la composition des résultantes partielles R_1 et R_2 dans la figure précédente.

J'ai exposé cet exemple très simple avec le plus grand détail, afin qu'il ne restât aucune obscurité sur l'application de la méthode et sur l'interprétation des équations (1). Ceci nous permettra de traiter les exemples suivans avec plus de rapidité, les mêmes notions s'y appliquant toujours de la même manière.

PROBLÈME II.

*Déterminer le centre de gravité d'un trapèze de densité
uniforme.*

67. Soit, fig. 48, ABDE, le trapèze proposé, auquel
nous devons, pour la réalité physique, attribuer tacitement, comme dans la question précédente, une petite
épaisseur partout égale. Menez la droite CM par les
milieux C, M, des bases parallèles ; je dis que le centre
de gravité du trapèze se trouvera sur la droite CM.

Pour le prouver, divisez cette droite en un nombre
quelconque de parties égales MM_1, $M_1 M_2$, $M_2 M_3$, ...
et, par tous les points de division menez des parallèles
aux bases AB, DE, du trapèze. Celui-ci se trouvera
alors partagé en autant de trapèzes plus petits, dont
les bases seront parallèles aux siennes ; et la ligne CM
passera également par les milieux de toutes ces parallèles. Car, si l'on prolongeait les côtés AD, BE jusqu'à
leur rencontre mutuelle, elles passerait par leur point
commun d'intersection ; et alors, d'après la similitude
des triangles dont MA, MB, $M_1 A_1$, $M_1 B_1$, etc., devien-
draient les bases, on verrait que le rapport de MA à
MB est le même que celui de $M_1 A_1$ à $M_1 B_1$, de $M_2 A_2$ à
$M_2 B_2$...., c'est-à-dire le rapport d'égalité. Ceci re-
connu, par les points B, B_1, B_2...., où les parallèles
successives rencontrent le côté oblique BE du trapèze
total, menez des droites parallèles à l'autre côté AD, et
terminez ces droites aux divisions immédiatement supé-
rieures et inférieures ; vous formerez ainsi deux systèmes de parallélogrammes de même hauteur que les
trapèzes partiels, et dont l'un leur sera intérieur,
l'autre extérieur.

Comparons successivement chaque trapèze partiel

aux deux parallélogrammes qui le comprennent, et commençons par $AA_,B_,B$.

Le parallélogramme intérieur $AA_,B_,\beta$ aura son centre de gravité situé sur la ligne $M_,\mu$, menée par le point de division $M_,$ parallèlement à ses côtés $AA_,$, $B_,\beta$, et au milieu même de cette ligne.

Le triangle $\beta B_,B$, qui complète le trapèze, a nécessairement son centre de gravité situé dans l'intérieur de sa propre surface. Ainsi, lorsque l'on composera le poids de ce triangle avec le poids du parallélogramme $AA_,B_,\beta$, pour obtenir le centre de gravité du trapèze, ce centre tombera nécessairement quelque part à droite de la ligne $M_,\mu$, dans l'espace $M_,\mu BB_,$.

Maintenant, si nous considérons le parallélogramme extérieur $AA_,bB$, le centre de gravité propre de ce parallélogramme se trouvera sur la ligne Mm, menée par le milieu de AB, parallèlement aux côtés $AA_,$, Bb, et au milieu de cette ligne. Or, ce centre peut être considéré comme donné par la composition du poids du trapèze $AA_,B_,B$, avec le poids du triangle extérieur $BB_,b$, et il est le point où s'applique la résultante de ces deux poids. Mais le centre de gravité du triangle $BB_,b$, tombant nécessairement dans l'intérieur de sa surface, si on le représente par g, et que de ce point on mène une ligne droite au milieu de Mm, il faudra bien que l'autre composante, c'est-à-dire le centre de gravité propre du trapèze, tombe au-delà de ce point milieu, par conséquent, à gauche de Mm, dans l'espace $mMAA_,$. Nous avons vu tout à l'heure que ce centre devait se trouver aussi à droite de $M_,\mu$; il devra donc nécessairement tomber dans l'intérieur du parallélogramme $MmM_,\mu$, que ces deux droites limitent.

Un raisonnement exactement pareil, appliqué au second trapèze $A_,A_,B_,B_,$, prouvera de même que son centre de gravité propre doit se trouver dans l'intérieur du parallélogramme M, m, M_1, μ_1; et il est évident que la conséquence analogue aura également lieu pour tous les autres trapèzes dans lesquels le trapèze total ABDE a été divisé.

Or, il est facile de voir que les points d'intersection $m, m_1, m_2, m_3 \ldots$, se trouvent tous sur une même ligne droite KN, parallèle à CM; et que les points $\mu, \mu_1, \mu_2 \ldots$ se trouvent pareillement sur une autre droite FH également parallèle à CM. Les centres de gravité propres de tous ces trapèzes partiels sont donc compris entre ces deux droites, puisqu'elles limitent tous les espaces parallélogrammiques où ces centres se trouvent. Ainsi, lorsque l'on composera les poids partiels des trapèzes entre eux pour avoir le point d'application de leur résultante totale, qui sera le centre de gravité du trapèze entier ADEB, ce centre devra également se trouver contenu entre les deux droites KN et FH.

Ce raisonnement est indépendant du nombre de divisions égales, établies sur CM. Le résultat en demeure donc vrai, quel que soit ce nombre. Mais, à mesure que l'on multiplie les points de division de CM, les lignes KN, FH, se rapprochent continuellement l'une de l'autre et de la ligne CM, jusqu'à coïncider enfin toutes deux avec cette ligne lorsque le nombre des divisions devient infiniment multiplié. Donc, puisque, dans ce rapprochement indéfini, elles contiennent toujours le centre de gravité du trapèze total, qui est cependant invariable, il faut nécessairement que ce centre se trouve placé sur la ligne CM elle-même, comme nous l'avions annoncé.

Et si, par impossible, on voulait prétendre qu'il en est autrement et que le centre de gravité du trapèze total, fig. 49, tombe hors de la droite CM, à droite ou à gauche, en G, par exemple, on démontrerait aussitôt l'absurdité de cette supposition. Car on pourrait toujours rendre les divisions de CM assez nombreuses pour que, des deux droites limites KN, FH, celle qui serait située du côté du point G, passât entre lui et la ligne CM, puisque par la multiplication des divisions, les droites KN, FH, peuvent être indéfiniment rapprochées de la ligne CM. Mais alors le centre de gravité du trapèze total devrait se trouver compris dans l'espace FHKN; il ne pourrait donc pas se trouver au point G, hors de la droite CH, comme on l'avait supposé.

PROBLÈME III.

Trouver le centre de gravité d'un triangle de densité uniforme.

68. Soit ACB, fig. 5o, le triangle proposé auquel, pour la réalité physique, nous supposerons toujours une petite épaisseur partout égale. Du sommet C menez la droite CM au milieu de la base; je dis que le centre de gravité du triangle ACB devra se trouver sur la droite CM. Ceci n'est pour ainsi dire qu'un corollaire du problème précédent; car, en partageant le triangle par une ligne DE parallèle à sa base, on pourra le considérer comme l'assemblage d'un trapèze ADEB, et d'un triangle DCE, que l'on rendra aussi petit que l'on voudra, en menant la parallèle DE de plus en plus près du sommet C. Or, le centre de gravité de la portion trapézoïdale se trouvera toujours sur la droite CM, et le centre de gravité propre du triangle DCE devra nécessairement tomber dans son intérieur. Ainsi, en composant son poids propre avec celui du trapèze, le point d'application de la résultante commune ou le centre de gravité du triangle total ACB devra nécessairement se trouver compris entre les droites DD$_1$, EE$_1$, menées

6..

parallèlement à CM par les extrémités de la base du triangle CDE. Mais la base DE peut être rendue aussi petite que l'on voudra en la rapprochant de plus en plus du sommet du triangle ; donc les droites $DD_{\prime}$, $EE_{\prime}$, pourront aussi être menées assez près de la droite CM, pour que l'espace compris entre elles soit plus petit que toute quantité donnée ; et, puisque cet espace renferme toujours le centre de gravité du triangle total ACB, ce centre ne peut tomber que sur la droite CM qui divise constamment en deux parties égales l'espace $DEE_{\prime}D_{\prime}$, tel petit qu'on le suppose. Si cette conclusion de limite paraissait douteuse, on l'établirait aisément par la réduction à l'absurde, comme dans le cas précédent.

Le reste du problème n'a plus aucune difficulté ; car le centre de gravité du triangle devant se trouver sur la droite CM, menée du sommet C au milieu du côté opposé AB, fig. 51, il devra par la même raison se trouver aussi sur la droite $AM_{\prime}$, menée du sommet A au milieu du côté opposé CB. Il se trouvera donc au point d'intersection G de ces deux droites.

Pour trouver sa distance aux sommets A et C, menez $MM_{\prime}$: cette droite passant par les milieux des deux côtés AB, CB, les divise par conséquent en parties proportionnelles ; ainsi elle est parallèle au troisième côté AC du triangle, et de plus elle est la moitié de ce même côté. Maintenant, si l'on compare les triangles ACG, $MGM_{\prime}$, qui sont semblables comme étant équiangles, les côtés CG, GM, y seront homologues, ainsi que AC et $MM_{\prime}$, leur rapport sera donc le même ; et puisque $MM_{\prime}$ est la moitié de AC, GM sera aussi la moitié de CG ou le tiers de CM. On démontrerait de même que $M_{\prime}G$ est moitié de AG ou le tiers de $AM_{\prime}$.

Donc, *si dans un triangle quelconque* ABC, *d'une densité uniforme, on mène une droite d'un des sommets*

*au milieu du côté opposé considéré comme base, le centre
de gravité du triangle se trouvera sur cette droite, et sera
situé au tiers de sa longueur à partir de la base ou aux
deux tiers à partir du sommet.*

Nous n'avons opéré que sur deux sommets A et C,
mais nous aurions pu opérer de même sur le troisième
sommet B; et, comme le centre de gravité doit par sa
nature être unique, la ligne menée de ce dernier sommet au milieu du côté opposé AC, aurait dû passer
nécessairement par le même point G, où se coupent les
précédentes. Ceci est en effet une propriété géométrique
qui a lieu dans tout triangle rectiligne, comme on peut
aisément le démontrer. Pour cela, par le point G, déterminé comme nous venons de le faire, concevons une
droite menée au milieu de AG. En vertu de la similitude des triangles ACG, MGM,, cette droite passera
aussi au milieu de MM, : or, divisant ainsi la base AC
et sa parallèle MM, en parties égales, par conséquent
proportionnelles, elle passe nécessairement par le sommet B opposé à la base AG.

COROLLAIRE.

69. Tout polygone rectiligne peut être décomposé en
triangles par des droites menées d'un de ses sommets à
tous les autres. D'après le problème précédent, on peut
déterminer le centre de gravité de chacun de ces triangles. En considérant leurs poids partiels comme respectivement appliqués à ces centres et les composant
par la méthode successive du § 53, ou par les formules
du § 63, qui en sont l'expression algébrique, on obtiendra le centre de gravité du polygone total. Si l'on
demandait le centre de gravité d'un espace plan terminé par des lignes courbes, on n'aurait qu'à y inscrire
et y circonscrire des polygones rectilignes dont on dé-

terminerait les centres de gravité propres ; et, en multipliant de plus en plus les nombres des côtés de ces polygones, on approcherait autant que possible du centre de gravité réel de l'espace curviligne proposé. Ceci suppose évidemment la densité uniforme, dans toute l'étendue de chaque triangle élémentaire dont se compose l'espace total.

Recherche des centres de gravité des solides.

70. Les centres de gravité des solides terminés par des surfaces planes ou courbes s'obtiennent par des procédés de décomposition pareils à ceux que nous venons d'exposer. Mais l'impossibilité que l'on trouve à superposer des solides, d'ailleurs équivalens en volume, lorsque leurs parties ne sont pas semblablement disposées, y rend la composition des forces élémentaires plus embarrassante. Heureusement on peut éluder cette difficulté à l'aide d'une remarque très simple, fondée sur le principe même de la composition successive, tel que nous l'avons exposé, § 60, fig. 44.

Lorsque nous avons composé les deux premières forces élémentaires P_1, P_2, en une seule résultante R_1, on a vu, par la construction même, que la *distance* du point d'application de cette résultante au plan des momens ZOY dépendait *uniquement* des intensités des composantes P_1, P_2, et des distances respectives de leurs points d'application au plan dont il s'agit. La même indépendance a lieu encore par le même motif, pour la seconde résultante partielle R_2, et enfin pour la résultante totale R. La distance de son point d'application au plan des momens ZOY, ne dépend absolument que des intensités des composantes P_1, P_2, P_3,.... et des distances respectives X_1, X_2, X_3,.... de leurs points d'application respectifs au plan ZOY. C'est aussi ce que montre la première des équations (1) du § 63; et les deux autres indiquent la même chose pour les distances aux plans respectifs auxquels elles se rapportent.

Il suit de là qu'en général, *la distance du centre des forces parallèles à un plan quelconque demeure la même, quelque arrangement relatif que l'on donne aux points d'application des composantes; pourvu que, dans ces transformations, on n'altère ni leurs distances perpendiculaires au plan dont il s'agit, ni les intensités propres des forces qui leur sont individuellement appliquées.*

Pour un corps solide pesant et de densité uniforme, par exemple, ces conditions seront remplies relativement à un plan donné si, sans changer le volume de ce solide, on le transforme géométriquement en un autre solide dont toutes les sections parallèles à ce plan soient les mêmes, ou seulement équivalentes, à égale distance, comme cela a lieu, par exemple, dans les pyramides qui ont des bases équivalentes situées dans un même plan, et qui ont de plus leurs sommets également compris dans un même plan parallèle à leurs bases. Car alors, non-seulement les sections faites à égale distance du plan commun sont égales dans les deux solides, mais encore les volumes compris entre ces sections égales, quelque intervalle que l'on veuille supposer entre elles, sont aussi égaux, ce qui est le caractère sensible d'un simple transport des élémens matériels parallèlement au plan pour lequel cette égalité a lieu.

A l'aide de ce principe, la recherche du centre de gravité des solides se trouve extrêmement simplifiée, parce qu'elle se ramène toujours à opérer sur des solides rectangulaires symétriques ou superposables. C'est ce que montreront les exemples suivans.

PROBLÈME PREMIER.

Trouver le centre de gravité d'un parallélépipède de densité uniforme.

71. Je supposerai d'abord le parallélépipède droit et rectangulaire, puis seulement droit mais non rectangulaire, et enfin quelconque.

Dans le premier cas, soit, fig. 52, le parallélépipède proposé. Par les milieux des arètes opposées AB, A,B,, ED, E,D,, menez un plan MM,m,m; je dis que le centre de gravité du parallélépipède sera contenu dans ce plan.

En effet, le parallélépipède ayant toutes ses faces rectangles, il se trouve ainsi partagé en deux solides égaux, dont toutes les parties sont placées de la même manière des deux côtés du plan MM,m,m. Car, si l'on considère, par exemple, le solide MM,m,mBB,D,D,qu'on le fasse tourner de 180° autour de la ligne MM,, comme charnière, on pourra ensuite faire glisser sa face BB,D,D sur la face AA,E,E de l'autre solide, et alors toutes les parties des deux solides coïncideront complètement en conservant la face MM,m,m commune. D'après cela, si l'on replace les deux solides dans leur position naturelle, leurs centres de gravité se trouveront nécessairement à une même distance de la face MM,m,m; et comme, d'ailleurs, leurs poids propres sont aussi égaux, le point d'application de leur résultante commune, qui est le centre de gravité du parallélépipède total, tombera nécessairement dans le plan MM,m,m.

Le même raisonnement appliqué aux autres faces, prouvera que le centre de gravité du parallélépipède total devra aussi se trouver dans chacun des deux autres plans NN, *n,n*, *abde*, que l'on peut mener par les milieux des deux autres systèmes d'arètes opposées. Ce centre G sera donc placé au point d'intersection des trois plans ainsi conduits; et de plus, il sera unique, puisque ces trois plans ne peuvent se couper qu'en un point. Il est d'ailleurs visible que ce point d'intersection est aussi celui des trois diagonales que l'on peut mener dans le parallélépipède par les angles solides opposés. (*Géom. de Legendre, liv. VI, prop. V.*)

72. Soit maintenant, fig. 53, le parallélépipède droit et non rectangle, dont les bases sont les parallélogrammes ABDE, A₁B₁D₁E₁.

Par les milieux des côtés opposés des bases AB, ED, A₁B₁, E₁D₁, menez, comme tout à l'heure, un plan coupant MM, *m,m* ; je dis que le centre de gravité du parallélépipède s'y trouvera contenu.

Ici le plan coupant partage encore le parallélépipède en deux portions d'égal volume; mais on ne peut plus superposer ces deux portions en leur conservant MM, *m,m*, pour face commune, comme dans le cas précédent; de sorte que l'on ne peut plus prouver ainsi que leurs centres de gravité propres sont également distans du plan MM, *m,m*, quoique cette égalité soit pourtant réelle, comme on va le voir.

Heureusement on peut éluder cette difficulté d'après la remarque que nous avons établie tout-à-l'heure, § 70. En effet, par les droites parallèles MM, *m,m* menez deux plans perpendiculaires au plan coupant M₁M *m,m*, et terminez-les aux faces latérales AEA₁E₁, BDB₁D₁ du parallélépipède proposé : vous aurez ainsi transformé chaque moitié de ce parallélépipède en un parallélépipède équivalent, *mais droit et rectangulaire*, dont MM, *m,m* sera encore la section moyenne. Ainsi, le centre de gravité de ce nouveau parallélépipède sera contenu dans la section dont il s'agit. Or, qu'avez-vous fait par cette transformation, sinon de faire glisser tous les élémens matériels de chaque moitié primitive, parallèlement au plan MM, m, m; conformément au principe du § 70, par conséquent sans altérer leurs volumes, ni leurs poids, ni leurs distances à ce plan? La distance du centre de gravité de leur système au plan MM, m, m n'est donc nullement changée par ce mouvement; et puisqu'elle est maintenant égale des deux côtés du plan, dans les moitiés rendues rectangulaires, elle l'était également dans les moitiés parallélogrammiques; ainsi, ces moitiés étant d'ailleurs égales en poids, leur résultante commune, ou le centre de gravité du parallélépipède total proposé, se trouvera encore dans le plan moyen MM, m, m.

Par une raison pareille, il se trouvera également dans l'autre section moyenne que l'on pourrait faire par les milieux des autres côtés opposés des bases; et enfin il sera également contenu dans la troisième section $\alpha\beta\delta$, ainsi effectuée par un plan mené à égale distance des bases perpendiculairement aux faces latérales. Car le parallélépipède étant donné droit, les deux portions supérieure et inférieure au plan $\alpha\beta\delta$ seront égales en volume et parfaitement symétriques dans toutes leurs parties, de sorte qu'il n'y aurait aucune raison pour que le centre de gravité du parallélépipède entier se trouvât dans l'une d'elles plutôt que dans l'autre. Ainsi il devra se trouver dans le plan commun $\alpha\beta\delta$. Le centre de gravité G sera donc ainsi donné par l'intersection mutuelle des trois plans moyens menés à égale distance des faces opposées du parallélépipède, ce qui le place encore au point d'intersection des trois diagonales menées entre les sommets opposés.

Au lieu d'employer la raison de symétrie pour prouver que le centre de gravité du parallélépipède se trouve dans le plan $a\mathcal{g}d\iota$, on aurait pu considérer que les deux moitiés du parallélépipède transformé $abde\,a_\iota b_\iota d_\iota e_\iota$ situées des deux côtés de ce plan, sont respectivement équivalentes en volume aux deux moitiés symétriques du parallélépipède primitif situées du même côté qu'elles ; et de plus, la transformation qui les donne, satisfaisant aux conditions du § 70, ne change point la distance des centres de gravité au plan $a\mathcal{g}d\iota$. Or, ces distances sont égales pour les deux moitiés transformées, puisqu'elles sont superposables par renversement en conservant $a\mathcal{g}d\iota$ pour base commune : donc cette égalité avait pareillement lieu dans les moitiés symétriques et équivalentes du parallélépipède primitif ; ce qui place le centre de gravité de ce parallélépipède dans le plan moyen $a\mathcal{g}d\iota$.

73. Venons enfin au cas où le parallélépipède est quelconque, fig. 54.

Ce cas se résout de suite par ceux qui précèdent. En effet, soit $ABDEA_\iota B_\iota D_\iota E_\iota$ le parallélépipède oblique. Par deux quelconques de ses sommets B, B_ι situés sur une même arête, menez deux plans perpendiculaires à cette arête-là, et tracez leurs intersections avec les quatre faces du parallélépipède supposées indéfiniment prolongées. Vous aurez ainsi formé un parallélépipède droit $aBdea_\iota B_\iota d_\iota e_\iota$, compris entre les mêmes faces que le parallélépipède oblique, et ayant des arêtes de même longueur. On démontre en Géométrie que ces deux parallélépipèdes, droit et oblique, sont équivalens en volume (liv. 6, prop. 8) ; car cette transformation revient à détacher de la partie supérieure le solide $A, D, B, E,$ $a_\iota d_\iota e_\iota$, et à le faire glisser le long des arêtes jusqu'à la partie inférieure pour lui faire remplir le volume vide $ABDEade$, qui lui est équivalent. Un pareil mouvement n'altère donc point les distances des élémens matériels aux plans des faces latérales le long desquelles il s'opère ; par conséquent la distance du centre de gravité à chacun de ces plans est la même pour les deux parallélépipèdes, ce qui place les deux centres sur une même droite parallèle aux arêtes communes. Or, d'après ce qui vient d'être démontré tout à l'heure, le centre de gravité du parallélépipède droit est situé en g au centre de sa section moyenne ; et une ligne droite menée de ce point parallèlement aux arêtes communes des deux parallélépipèdes, va percer les bases obliques à leurs centres. Cette droite contient donc le centre de gravité du parallélépipède primitif : on voit de plus qu'elle s'obtiendrait également ici par l'intersection de deux plans menés dans le parallélépipède oblique par les milieux des arêtes opposées, comme cela avait lieu dans les constructions précédentes. Chaque plan moyen mené de cette manière dans le parallélépipède oblique, contient donc son centre de gravité.

Or, il est visible qu'outre les deux précédens, on en peut mener encore un troisième suivant cette condition, en le faisant passer par les milieux des arêtes latérales, et ce troisième plan contiendra de même le centre de gravité comme les deux autres, puisque le même raisonnement s'y appliquera. Ce centre sera donc déterminé complètement, puisqu'il se trouve ainsi donné par trois plans connus ; et il est également évident qu'ici, comme dans les cas qui précèdent, il coïncide avec le point d'intersection des trois diagonales menées par les sommets opposés ; telle est donc généralement la position du centre de gravité dans un parallélépipède de densité uniforme.

PROBLÈME II.

*Trouver le centre de gravité d'un prisme triangulaire
de densité uniforme.*

74. Je supposerai d'abord le prisme droit sur ses
bases, fig. 55, puis quelconque, fig. 57.

Soit, fig. 55, $ABCA_{,}B_{,}C_{,}$ le prisme droit proposé :
par une des arêtes $CC_{,}$, par exemple, et par les milieux
des côtés opposés des bases, menez un plan $MM_{,}C_{,}C$;
je dis que le centre de gravité du prisme s'y trouvera
contenu.

Le plan $MM_{,}C_{,}C$ partage le prisme en deux portions
d'égal volume, mais non symétriques. Pour les rendre
telles, menez par la droite $MM_{,}$ un plan qui lui soit
perpendiculaire; et, par les arêtes $AA_{,}$, $BB_{,}$, menez
deux autres plans qui lui soient parallèles; puis achevez le prisme isoscèle $aCba_{,}C_{,}b_{,}$, ayant ses bases dans
les mêmes plans que le premier. Les deux moitiés du
nouveau prisme seront respectivement égales en volumes des deux côtés du plan $MM_{,}C_{,}C$; mais, en outre,
elles seront symétriques et même superposables par
renversement, en conservant la face commune $MM_{,}C_{,}C$.
Donc, dans leur position naturelle, leurs centres de
gravité se trouveront à égale distance de cette face. Or,
ces deux moitiés sont respectivement égales en volume
et en poids aux deux moitiés non superposables du
premier prisme. En outre, la transformation qui les
donne n'a fait que transporter les élémens matériels de
ces premières moitiés parallèlement au plan $MM_{,}C_{,}C$,
ce qui n'a pas changé les distances de leurs centres de
gravité à ce plan : donc, puisque ces distances se trouvent égales après la transformation, c'est qu'elles l'é-

taient déjà auparavant pour les deux moitiés non superposables; d'ailleurs ces deux moitiés ont un même poids;
ainsi leur centre de gravité commun, qui est le centre
de gravité du prisme total non isoscèle, sera contenu
dans le plan MM,C,C.

D'après cela, ce centre devra se trouver également
dans le plan AA,N,N, fig. 56, que l'on peut mener par
l'arète AA, et par les milieux des côtés opposés CB, C,B,
des bases; comme aussi dans le plan BB,P,P que l'on
pourrait mener par l'arète BB¹, et les milieux des côtés
AC, A,C,. Ces trois plans se coupent évidemment suivant une même ligne droite OO, qui passe par les centres de gravité respectifs des bases, et même de toute
autre section triangulaire faite dans le prisme parallèlement à celles-ci. Le centre de gravité G du prisme proposé devra donc se trouver sur la droite ainsi conduite,
et il se trouvera au milieu même de cette droite. Car si
l'on mène par ce milieu, dans le prisme, un plan $\alpha\beta\gamma$ parallèle aux bases, conséquemment perpendiculaire aux
arètes, puisque le prisme est supposé droit, ce plan
divisera le prisme en deux moitiés d'égal volume, et tellement symétriques par rapport au plan $\alpha\beta\gamma$, que tout
ce qui pourra se dire de l'une se dira également de l'autre; de sorte qu'il n'y aura aucune raison pour que le
centre de gravité du prisme entier se trouve au-dessus
du plan $\alpha\beta\gamma$ plutôt qu'au-dessous. Il devra donc se trouver dans ce plan même; et puisqu'il se trouve aussi sur
la droite OO,, il sera au point d'intersection de la
droite et du plan, c'est-à-dire au milieu même de cette
droite.

Si, dans cette dernière partie de la démonstration,
on ne voulait pas employer la raison de symétrie, il
suffirait de considérer que le plan moyen $\alpha\beta\gamma$, supposé
mené dans la figure 55, y partagerait aussi le prisme

isoscèle en deux moitiés respectivement équivalentes à celles du prisme primitif, situées de part et d'autre de ce plan, et dont les centres de gravité se trouveraient aussi à une même distance de $\alpha\alpha, \beta\beta, \gamma$, puisqu'elles sont produites par un simple transport des particules matérielles parallèlement au plan dont il s'agit. Mais ces deux moitiés du prisme droit isoscèle sont superposables par renversement, en conservant la section α, β, γ pour base commune; donc, dans leur situation naturelle, elles auront leurs centres de gravité à une même distance de cette section; et par conséquent la même égalité subsistera pour les deux moitiés du prisme primitif situées des deux côtés du même plan, ce qui met le centre de gravité du prisme total dans ce plan même.

75. Supposons maintenant le prisme quelconque, et représentons-le par $ABCA_1B_1C_1$, fig. 57.

Par deux de ses sommets B, B_1, situés sur une même arête, menez des plans perpendiculaires à cette arête-là; et, traçant leurs intersections sur les faces latérales indéfiniment prolongées, construisez le prisme droit $aBca_1B_1c_1$. Ce prisme sera équivalent au premier en volume et en poids, comme étant construit sur les mêmes arêtes et compris entre les mêmes plans latéraux; en outre, la transformation qui le donne ayant consisté seulement dans une transposition de matière parallèlement aux arêtes communes, la distance du centre de gravité aux faces latérales sera la même avant et après cette opération. Donc g étant le centre de gravité du prisme droit, si par ce point on mène une ligne parallèle aux arêtes communes, cette droite contiendra le centre de gravité du prisme oblique; mais elle perce les bases du prisme droit dans leurs centres de gravité propres; elle percera donc aussi celles du prisme oblique

en O, O₁, à des distances proportionnelles des sommets
ABC, A₁B₁C₁, c'est-à-dire pareillement dans leurs
centres propres de gravité; et elle contiendra encore les
centres de gravité de toutes les sections triangulaires
qui pourront être faites dans le prisme parallèlement à
ses bases obliques.

Or, parmi ces sections, considérons celle qui contient
les milieux des arêtes, et qui est représentée par $\alpha\beta\gamma$,
fig. 58. Le plan qui la donne partage le prisme total en
deux moitiés d'égal volume non symétriques; mais trans-
formons ces moitiés en deux prismes droits d'égale hau-
teur, construits l'un et l'autre sur la base $\alpha\beta\gamma$: alors ces
deux derniers prismes seront non-seulement équivalens,
mais symétriques de part et d'autre du plan $\alpha\beta\gamma$; et, d'a-
près ce qui a été démontré tout à l'heure, pour les prismes
droits, leur centre de gravité commun sera dans le plan
$\alpha\beta\gamma$ lui-même; d'où il suit que leurs centres de gravité
propres seront placés à égale distance de ce plan. Or,
la transformation qui produit ces prismes n'a fait que
transporter les parties matérielles des deux moitiés obliques parallèlement au plan $\alpha\beta\gamma$; donc les moitiés obliques auront aussi leurs centres de gravité à une même
distance de ce plan; et comme ces moitiés sont d'ailleurs
égales en poids, leur centre de gravité commun, qui
sera celui du prisme oblique entier, tombera dans le
plan de la section même; mais nous avons vu qu'il doit
aussi se trouver sur la droite OO₁, menée par les centres
de gravité des bases obliques, il se trouvera donc au milieu même de cette droite en G.

PROBLÈME III.

Trouver le centre de gravité d'une pyramide triangulaire de densité uniforme.

76. Soit, fig. 59, SABC la pyramide proposée : par une quelconque de ses arêtes, SC, par exemple, menez un plan SMC qui coupe l'arête opposée AB en deux parties égales en M. Ce plan contiendra le centre de gravité de la base ABC; et même il est facile de voir qu'il contiendra également les centres de gravité de toutes les sections triangulaires faites parallèlement à cette base, puisqu'il passera toujours par leur sommet situé sur SC, et qu'il divisera leur côté opposé en deux parties égales. Or, je dis que le centre de gravité de la pyramide sera aussi dans ce plan.

Pour le prouver, considérez d'abord qu'il partage la pyramide totale SABC en deux pyramides SAMC, SBMC d'égal volume, ayant une face commune SMC, et leurs sommets A et B situés à égale distance du plan de cette face. Ces deux moitiés ne sont pas généralement symétriques autour de ce plan, à cause de l'obliquité de leurs bases; mais, pour les rendre telles, menez par la ligne MC un plan perpendiculaire à la face SMC; puis, dans ce plan, et par le point M, menez à MC une perpendiculaire indéfinie, et enfin coupez cette perpendiculaire en *a* et *b* par des plans menés respectivement des points A et B parallèlement à la face SMC. Si vous joignez S*a* et S*b*, vous obtiendrez ainsi deux nouvelles pyramides S*a*MC, S*b*MC, ayant toutes deux la même face SMC commune aux pyramides primitives, et ayant aussi la même hauteur, puisque leurs sommets *a* et *b*, extérieurs à cette face, sont situés sur des plans menés par A et B

7

parallèlement à SMC. Ces deux nouvelles pyramides seront donc encore respectivement équivalentes aux deux premières, non-seulement dans leur volume total, mais dans toutes les sections qui pourront y être faites parallèlement à SMC; d'où l'on voit que la transformation qui les donne ne sera qu'un simple transport des élémens matériels parallèlement à ce plan. Ainsi la distance des centres de gravité au plan SMC sera la même pour les pyramides primitives et pour les pyramides transformées. Or, pour celles-ci, ces distances de part et d'autre du plan SMC sont égales entre elles, puisque les deux pyramides transformées sont symétriques en tout des deux côtés du plan, et que l'on ne peut rien dire de l'une que l'on ne dise de l'autre. La même égalité subsiste donc aussi pour les pyramides primitives; et comme elles sont d'ailleurs égales en volume, conséquemment en poids, puisque leur densité est la même, on voit que leur centre de gravité commun, qui sera celui de la pyramide totale, se trouvera dans le plan SMC.

Ce qui vient d'être démontré pour le plan SMC, le sera également pour tout autre plan mené de même par une des arêtes de la pyramide et le milieu du côté opposé. Soient, fig. 60, SMC, SM,B deux plans ainsi conduits par les arêtes SC, SB. Chacun d'eux devant contenir le centre de gravité de la pyramide, ce centre devra se trouver sur la ligne SO résultante de leur intersection. Or, d'après la manière dont les deux plans sont menés, il est visible que la ligne SO passe par le centre de gravité O de la base ABC; et comme elle perce toutes les autres sections parallèles à cette base à des distances proportionnelles de leurs sommets respectifs, il en résulte qu'elle passera pareillement par les centres de gravité propres de toutes ces sections.

Voilà tout ce qu'on peut conclure des plans menés par

le sommet S ; car le troisième plan que l'on pourrait mener par l'arète SA , et le milieu du côté BC, contiendrait
évidemment le même point O que les deux autres ; et
comme il contient aussi le sommet S, il se couperait
encore avec ces premiers plans suivant la même droite
SO, de sorte qu'il ne particulariserait pas davantage la
position du centre de gravité de la pyramide SABC.

Mais il en sera autrement des deux autres plans que
l'on peut mener par l'arète AB et le milieu du côté SC ,
ou par l'arète BC et le milieu du côté SA. Car ces derniers plans, contenant le centre de gravité O, de la face
ASC, et passant de plus par le sommet B, , ils se couperont avec le plan SBM, suivant une droite BO, , qui passera par les centres de gravité de toutes les sections parallèles à ASC, et qui devra pareillement contenir le
centre de gravité de la pyramide totale SABC. Cette
droite BO, et la droite SO se trouvant toutes deux dans
le plan SBM, , sans être parallèles , se couperont en
un point G qui sera le centre de gravité cherché.

Il est facile de déterminer la distance de ce point au
sommet de la pyramide. En effet, M,O étant le tiers de
M,B comme M,O, est le tiers de M,S, puisque O et O,
sont les centres de gravité des faces, il s'ensuit que, si l'on
joint OO,, la droite OO, divisera les côtés du triangle
SBM, en parties proportionnelles ; d'où il suit qu'elle
sera parallèle au troisième côté SB, et sera le tiers de
ce côté. En vertu de ce parallélisme, les triangles OO,G ,
SGB seront semblables ; et d'après l'égalité de rapport
des côtés homologues, OG sera le tiers de GS ou le quart
de SO ; de même O,G sera le tiers de GB ou le quart
de O, B ; ce qui fournit l'énoncé suivant :

*Le centre de gravité d'une pyramide triangulaire de
densité uniforme se trouve sur chacune des droites menées
par les sommets et par les centres de gravité des faces oppo-*

sées; et il est sur ces droites, au quart de leur longueur à
partir des faces, ou aux trois quarts à partir des sommets.

De là, on pourra aisément déduire le centre de gravité
d'un tronc de pyramide triangulaire de densité uniforme,
dont la hauteur et les bases seraient connues; car avec
ces données, on peut conclure la pyramide qui complète
le tronc, et en forme une pyramide entière. Le centre
de gravité de la pyramide totale et celui de la pyramide
complémentaire se trouveront sur la même droite menée de leur sommet commun aux centres de gravité de
leurs bases, et ils seront respectivement placés aux trois
quarts de la longueur de cette ligne, à partir du sommet
commun. Connaissant ainsi les lieux de ces centres, et
les poids propres des deux pyramides, proportionnels à
leurs volumes, on conclura aisément la position du centre
de gravité de leur différence, soit par la composition
successive, soit par les équations du § 63.

COROLLAIRE GÉNÉRAL.

77. Tout polyèdre terminé par des faces planes peut
être décomposé en pyramides triangulaires. Si ces pyramides sont individuellement d'une densité uniforme
dans toute leur masse, on pourra, par ce qui précède,
trouver leurs centres de gravité propres; et, en y supposant leurs poids appliqués, la composition successive fera
connaître le centre de gravité du polyèdre entier.

Les centres de gravité des solides terminés par des
surfaces courbes, se déterminent en général par la décomposition en élémens géométriques assez petits pour pouvoir être considérés individuellement comme terminés
par des faces planes; mais il y a une grande classe de
ces solides pour lesquels la raison de symétrie seule fait
découvrir une ligne droite sur laquelle le centre de gravité se trouve situé nécessairement, lorsque la densité est

uniforme : ce sont *les solides de révolution*. On appelle ainsi les solides engendrés par une courbe, ou portion de courbe quelconque, plane ou non plane, AMB, fig. 61, tournant autour d'une droite ou axe fixe AB.

La courbe qui tourne s'appelle la *génératrice du solide ;* et toute section AMB, fig. 62, faite par un plan passant par l'axe de rotation, s'appelle un *méridien.*

D'après le mode de génération de ces solides, les sections méridiennes sont identiquement pareilles, pour toutes les directions du plan coupant. Car chaque point M de la courbe génératrice, fig. 61, décrivant autour de l'axe fixe une circonférence normale dont le centre est sur cet axe, tout plan mené par l'axe coupe ces circonférences en des points dont les situations relatives sont pareilles ; ce qui établit l'identité des sections.

D'après cela, on peut évidemment prendre pour génératrice les méridiens mêmes, ce qui simplifie la définition du solide. Par exemple, la sphère est un solide de révolution, engendré par un demi-cercle tournant autour d'un de ses diamètres; mais on peut encore la concevoir comme produite par la rotation de toutes les courbes qui pourraient être tracées sur sa surface, avec la condition de passer par les deux extrémités du diamètre situé sur l'axe de rotation.

Si, dans un solide assujetti à ce mode de génération, on mène par l'axe AB, deux plans formant entre eux un angle quelconque, fig. 63, il est clair qu'à cause de la symétrie de la rotation, ces deux plans isoleront dans le solide deux tranches absolument identiques des deux côtés de l'axe, de sorte qu'en faisant tourner une de ces tranches autour de l'axe AB, elle irait coïncider complétement avec l'autre. Les centres de gravité de ces deux tranches seront donc situés à égale distance de l'axe si le solide a une densité uniforme; et comme d'ailleurs,

dans ce cas, leurs poids seront égaux à cause de l'égalité
de leurs volumes, il s'ensuit que leur centre de gravité
commun tombera sur l'axe. La même égalité pouvant se
démontrer pour tous les élémens opposés, que l'on peut
ainsi isoler dans le solide, il s'ensuit que le centre de gravité de sa masse entière se trouvera également sur l'axe de
révolution, du moins en supposant toujours cette masse
de densité uniforme.

78. Un cône droit, fig. 64, est un solide de révolution
engendré par un triangle SBC rectangle en C et tournant autour du côté SB. Le centre de gravité d'un pareil
corps supposé de densité uniforme, est donc situé sur son
axe de rotation SC. Mais, sans changer les distances des
élémens matériels de ce solide au plan de sa base, on peut
le transformer en une pyramide triangulaire, ayant SC
pour hauteur et pour base un triangle rectiligne, équivalent au cercle AMB. Ainsi le centre de gravité du
cône sera placé au-dessus du plan AMB à la même distance que le centre de gravité de la pyramide, c'est-à-
dire qu'il se trouvera à un quart de SC, à partir de la
base ou aux trois quarts, à partir du sommet. De là, on
peut aisément conclure le centre gravité d'un tronc de
cône. Ce résultat nous offrira bientôt une application
utile, et c'est pour cela que nous l'avons donné.

Applications de la théorie précédente.

79. Le premier usage que nous ferons de la théorie
précédente, c'est d'en tirer le moyen de déterminer les
centres de gravité des corps solides qui ont une grande
masse. D'après tout ce que nous venons de démontrer,
il est clair qu'il suffira pour cela de poser le corps
sur un axe sensiblement rectiligne et horizontal, en

faisant varier la position de cet axe, jusqu'à ce que les poids des deux moitiés du corps fassent, de chaque côté, des efforts égaux ; ce qui aura lieu lorsque le corps n'aura pas plus de tendance à tomber d'un côté que de l'autre. Alors le centre de gravité du corps se trouvera dans un plan vertical, mené par l'axe de suspension.

Si l'on fait cette épreuve sur une pièce de canon, l'on trouve que le plan vertical dont il s'agit passe, à très peu de chose près, par l'axe des tourillons de la pièce. Or, sans l'addition des tourillons, la pièce serait un solide de révolution autour de son axe longitudinal; ainsi le centre de gravité se trouverait sur cet axe; mais les tourillons étant symétriques des deux côtés de l'axe longitudinal, et ayant des poids égaux, leur centre de gravité propre s'y trouve placé, et conséquemment il n'en écarte point le centre de gravité de l'ensemble. Ce centre se trouve donc ainsi placé sur l'axe longitudinal de la pièce et à très peu près sur le diamètre transversal mené par le centre des tourillons.

80. Si l'on applique l'épreuve de la suspension au corps de l'homme, on trouve que son centre de gravité se trouve généralement très près de l'axe transversal mené par les deux hanches, du moins lorsque les jambes sont maintenues parallèles dans le prolongement du corps, et les bras appliqués sur les côtés. Or, à cause de la disposition symétrique des membres, le centre de gravité se trouve aussi dans l'axe longitudinal du corps même. Il est donc placé à peu près entre les deux hanches au milieu du corps. Un homme qui se tient droit sur un plan horizontal ne peut donc être supporté qu'autant que le centre de gravité ainsi déterminé se trouve verticalement au-dessus de l'espace quadrangulaire que les contours des pieds embrassent sur le sol, puisque c'est seulement dans cet espace que

le poids du corps peut être détruit par la résistance du plan sur lequel les pieds posent, résistance qui se transmet au centre de gravité par l'intermédiaire des barres rigides que forme la charpente osseuse du corps. Aussi, lorsque les pieds s'écartent beaucoup l'un de l'autre en ligne droite, comme lorsque l'on se fend dans l'escrime, la stabilité est très grande dans le sens de ce mouvement, à cause de la grande longueur sur laquelle le corps peut osciller sans cesser d'être soutenu par le sol; mais elle est beaucoup moindre dans le sens rectangulaire, où le centre de gravité ne peut sortir du triangle très étroit qui a son sommet au pied d'avant et sa base au pied d'arrière. Tous les mouvemens si gracieux des patineurs ont également pour but et pour effet de maintenir le centre de gravité du corps dans la verticale menée par le tranchant du patin qui pose à chaque instant sur la glace.

81. Les radeaux sont des assemblages d'arbres disposés parallèlement les uns aux autres, graduellement en retraite comme le représente la fig. 65. On les fixe par des ancres dans les rivières que l'on veut traverser à la guerre, et ils servent comme de piles pour établir le plancher dont on forme les ponts. On dirige leur dimension longitudinale dans le sens du courant; et la retraite graduelle des arbres qui les composent a pour but d'en mieux diviser l'effort. Cela posé, il importe que le plancher du pont soit disposé à peu près également de part et d'autre du centre de gravité du système SAB, afin que leur poids propre et le poids des fardeaux qui passeront sur le pont ne donnent pas aux radeaux une charge trop inégalement distribuée autour de leur axe transversal PP_1, ce qui les ferait plonger inégalement à l'avant et à l'arrière, et pourrait fatiguer le pont ou même en déterminer la rupture. Or, la position de ce centre est facile à déterminer par les principes qui

précédent; car d'abord les arbres peuvent être individuellement considérés comme des troncs de cône, dont on peut déterminer le centre de gravité, soit par suspension, soit par le calcul, d'après la position de ce centre dans un cône entier. Alors, connaissant le nombre des arbres dont le radeau se compose, ainsi que leurs poids individuels et la disposition qu'on veut leur donner, il devient facile de déterminer le centre de gravité de leur assemblage. Ce n'est qu'une application très simple du principe de la composition successive, ou des équations des momens du § 63, qui servent à représenter cette composition.

82. Dans tout ce qui précède, nous avons considéré l'intensité de la pesanteur comme sensiblement constante dans toute l'étendue d'un même corps, de densité uniforme; c'est-à-dire constitué de manière que lorsqu'on isole diverses portions de sa masse d'un volume égal, on trouve qu'elles ont des poids égaux.

Mais cette constance d'intensité n'est vraie que pour des espaces d'une étendue bornée, comme celle qu'occupent en général les corps soumis à nos expériences; elle cesse d'exister quand on compare les actions de la pesanteur dans des lieux éloignés les uns des autres, soit verticalement, soit horizontalement.

En effet, on prouve par les oscillations des pendules que, sur les divers points d'une même verticale, la pesanteur a d'inégales intensités. Elle devient progressivement de plus en plus faible à mesure que l'on s'élève au-dessus du sol, et aussi à mesure que l'on s'enfonce dans l'intérieur de la terre; mais des lois différentes régissent ces deux sens de variation. Dans le premier, l'intensité suit sensiblement la raison inverse du carré des distances au centre de la masse terrestre; dans le second, elle suit sensiblement la raison directe des distances simples.

On trouve pareillement, qu'à égale hauteur au-dessus de la surface, l'intensité absolue augmente en allant de l'équateur vers le pôle, à peu près comme le carré du sinus de la latitude. Mais la détermination des lois de ces phénomènes et leur observation même, reposent sur des considérations trop délicates pour pouvoir être exposées ici. On les mesure par les oscillations des pendules; et l'on trouve ainsi, qu'en prenant pour unité l'intensité de la pesanteur à l'équateur même, cette intensité au pôle est plus forte de $0,005208$.

83. J'ai dit, au commencement de ce chapitre, que l'action du globe terrestre sur les corps aimantés offrait une application remarquable de la théorie des forces parallèles; cette application est d'autant plus remarquable en effet, que l'on y voit se réaliser l'exemple de deux résultantes partielles, d'intensités exactement égales, et opposées en direction.

Toutes les expériences que l'on peut faire sur les corps aimantés se représentent avec la plus parfaite exactitude, en supposant qu'il existe dans ces corps deux principes distincts, d'un poids si faible qu'ils échappent à nos balances les plus parfaites, mais doués d'ailleurs de toutes les propriétés matérielles qui constituent les fluides incompressibles. Ces deux principes s'attirent mutuellement; mais chacun d'eux exerce sur ses propres particules une force répulsive, qui tend à les faire s'écarter les unes des autres, et qui les écarterait en effet à toutes distances, si elles n'éprouvaient pas deux sortes de résistance: l'une, dans l'intérieur des molécules matérielles mêmes, qui leur donne de la difficulté à s'y mouvoir; l'autre plus énergique et invincible, à la surface extérieure de chaque particule, qui les empêche absolument de passer d'une de celles-ci dans une autre placée aussi près que l'on voudra. Il résulte de ces dispositions que, lorsque ces deux principes sont séparés dans les particules d'un corps, ce que l'on appelle être *aimanté*, ce corps exerce par ses extrémités opposées des résultantes d'action de nature contraire, l'une de ces résultantes étant due à l'action prédominante d'un des principes magnétiques, l'autre à l'action du principe opposé. Sous ce rapport, le globe terrestre agit comme un véritable aimant dont les actions émaneraient de points intérieurs, très éloignés de la surface, et voisins du centre; de sorte que, dans la petite étendue des corps généralement soumis aux expériences physiques, ces actions peuvent être considérées comme s'exerçant suivant des directions parallèles, ainsi que nous avons vu qu'on pouvait le faire pour la pesanteur ordinaire. Mais les actions magnétiques du globe diffèrent de la pesanteur par deux caractères : d'abord parce qu'elles ne sont pas dirigées verticalement, mais dans des directions plus ou moins inclinées à la surface terrestre, selon les latitudes; et ensuite parce qu'elles agissent en sens opposés sur les diverses parties des corps aimantés où les résultantes des principes opposés dominent, de manière à y produire l'effet de deux pesanteurs de sens contraires, et d'égales intensités.

Pour suivre les conséquences de cette disposition, séparons-la de l'action de la pesanteur ordinaire, en suspendant le corps aimanté AB, fig. 66, à un point fixe S, par un fil inextensible, attaché à son centre de gravité C. Pour plus de simplicité, nous supposerons que le corps AB est un simple fil d'acier cylindrique de densité uniforme, auquel cas son centre de gravité sera nécessairement placé au milieu de sa longueur. Cela posé, les actions du globe terrestre, soit attractives, soit répulsives, s'exerçant dans toute la longueur de l'aiguille, suivant des directions sensiblement parallèles, celles du chaque espèce se composeront en une résultante unique gN, g_1S, qui pourra être appelée le poids magnétique dû à chacune d'elles, et qui sera appliquée en un point g ou g_1, lequel sera réellement le centre des forces parallèles pour ce genre d'actions-là. Ainsi, de même qu'un corps pesant ne peut être en repos si son centre de gravité n'est pas soutenu ou supporté directement contre l'effort de la pesanteur, de même ici l'aiguille ne saurait être en repos sous l'influence des deux forces parallèles gN, g_1S, à moins qu'on ne la tourne, et qu'on ne l'incline, dans la direction même de ces forces, comme le représente la fig. 67 ; auquel cas les deux résultantes, si elles sont égales, comme on l'a énoncé tout à l'heure, parviendront à se neutraliser mutuellement. Or, en effet, on trouve par l'expérience qu'il existe ainsi, dans chaque lieu de la terre, une direction unique, où les aiguilles aimantées ainsi suspendues par leur centre de gravité, peuvent rester en repos lorsqu'on les y a une fois placées, et vers laquelle elles font effort pour revenir lorsqu'on les en écarte ; de même qu'un pendule revient en oscillant vers la verticale lorsqu'on l'en a dévié, ce qui est déjà un résultat conforme aux conclusions exposées plus haut.

Mais est-il certain que les résultantes opposées gN, g_1S, soient *exactement* égales ? Pour vous en assurer, supposez qu'elles ne le soient pas, et placez l'aiguille horizontalement dans un plateau de balance, fig. 68. Alors les résultantes partielles gN, g_1S, seront en général obliques à sa direction ; donc, si vous concevez chacune d'elles décomposée en deux autres, l'une verticale gV, g_1V_1, l'autre horizontale gH, g_1H_1, comme vous pouvez toujours le faire par le parallélogramme des forces, l'effort des composantes horizontales, quel qu'il puisse être, sera toujours détruit par la friction de l'aiguille sur le plateau de la balance, où vous pouvez même l'attacher au besoin; mais rien ne détruira, ni même n'affaiblira l'effet des composantes verticales, si ce n'est leur opposition mutuelle. Conséquemment, si elles ne sont pas exactement égales et que gV l'emporte, l'effort de la pesanteur terrestre en sera augmenté, et ainsi le poids de l'aiguille se trouvera plus fort après l'aimantation qu'auparavant. Au contraire, il deviendra plus faible si $g_{,}V_{,}$ l'emporte. Or, les expériences les plus précises n'y montrent dans la réalité aucune différence appréciable: donc, dans les limites de sensibilité que ces expériences atteignent, nous devons conclure que les deux composantes verticales gV, $g_{,}V_{,}$, sont égales entre elles. On démontre pareillement par d'autres épreuves la parfaite égalité des composantes horizontales gH, $g_{,}H_{,}$; et l'on en conclut ainsi l'égalité complète des résultantes partielles gN, $g_{,}S$. Cet exemple, qui s'applique à un des phénomènes les plus remarquables de la nature, réalisant ce cas singulier d'égalité que nous avaient annoncé les formules, est très propre à faire sentir leur généralité et à en éclairer l'application.

CHAPITRE VIII.

*Composition d'un nombre quelconque de forces concou-
rantes appliquées à un même point matériel.*

84. De même que la composition de deux forces parallèles appliquées aux extrémités d'une droite rigide
conduit à composer un nombre quelconque de pareilles
forces appliquées à un système rigide quelconque, de
même lorsque l'on sait composer ensemble deux forces
concourantes appliquées à un même point matériel, on
peut facilement étendre cette opération à un nombre
quelconque de forces, agissant simultanément sur un
même point. En effet, soient, fig. 69, M le point maté-
riel d'application, et MF_1, MF_2, MF_3.... ou F_1, F_2, F_3...
les diverses forces, que nous supposerons dirigées dans
l'espace d'une manière quelconque. Quoique, en général,
toutes ces forces puissent ne pas être dans un même plan,
elles y seront cependant deux à deux, puisqu'elles con-
courent au point d'application ; et c'est là ce qui permet
de les composer successivement par le parallélogramme
des forces démontré plus haut, § 37. En effet, considérant
d'abord les deux seules forces F_1, F_2, on pourra, par ce
théorème, les composer en une seule résultante MR, ou R,
appliquée au même point M. Cette résultante R, pourra
ensuite être composée de même avec F_3, ce qui donnera
une nouvelle résultante R_2 équivalente à l'action simultanée des trois forces F_1, F_2, F_3 ; R_2 à son tour pourra de
même se composer avec F_4, et ainsi de suite, jusqu'à ce que
l'on arrive enfin à une dernière résultante R qui équivau-

dra à l'action simultanée de toutes les composantes, quel que soit leur nombre.

Ceci n'est encore qu'une construction graphique. Pour compléter la solution du problème, il faut pouvoir calculer l'intensité de la résultante générale et sa position dans l'espace; c'est à quoi l'on parvient aisément par le moyen de la proposition suivante.

THÉORÈME.

85. *Toute force F peut être décomposée en trois forces rectangulaires entre elles, formant les arêtes d'un parallélépipède rectangle dont* $\parallel$ *est la diagonale ; et réciproquement, trois forces, ainsi dirigées rectangulairement, peuvent se composer en une seule F.*

Soit, fig. 70, MF ou F la force proposée, appliquée au point M. Par ce point, menez trois droites indéfinies MX, MY, MZ rectangulaires entre elles, et dirigées d'ailleurs arbitrairement dans l'espace. Par une quelconque de ces droites, MZ, par exemple, et par la force F, conduisez un plan, et soit MH sa trace sur le plan XMY. Vous pourrez d'abord décomposer F suivant les deux directions MZ, MH qui sont dans un même plan avec elle; pour cela, il suffira de construire sur MF comme diagonale le parallélogramme des forces MAFA', ce qui se fera en menant par le point F, FA parallèle à MH, et FA' parallèle à MZ. Alors MA, que nous nommerons z, sera l'une des composantes rectangulaires demandées. Mais, l'autre composante partielle MA' étant dans le plan XMY, pourra s'y décomposer de même en deux autres MB, MC, dirigées respectivement suivant les deux droites MX, MY, et que nous exprimerons par x, y. Ainsi en substituant à MA' ces deux dernières composantes, la force F se trouvera remplacée par

les trois composantes rectangulaires MA, MB, MC ou
z, x, y, respectivement parallèles aux trois droites données; et il est évident que MF sera la diagonale du parallélépipède rectangle construit sur les composantes
ainsi obtenues.

Réciproquement, si les trois composantes rectangulaires MA, MB, MC étaient données en grandeur et en
direction, on pourrait composer d'abord MB et MC, ce
qui donnerait une première résultante partielle MA′;
puis, celle-ci composée avec MA, donnerait la résultante
totale MF, qui serait toujours la diagonale du parallélépipède construit sur les composantes.

Maintenant le parallélogramme AMA′F étant rectangle, on aura d'abord

$$MF^2 = MA^2 + MA'^2;$$

par la même raison, dans le rectangle CA′BM, on aura

$$MA'^2 = MB^2 + MC^2 :$$

donc, en éliminant il viendra

$$MF^2 = MA^2 + MB^2 + MC^2,$$

ou, en remplaçant les lignes par les lettres qui les représentent,

$$F^2 = x^2 + y^2 + z^2.$$

Les trois termes qui composent le second membre étant
individuellement des carrés, sont tous essentiellement
positifs; ainsi ils ne peuvent que s'ajouter ensemble,
et non pas se détruire mutuellement.

Il suit de là que *la résultante ne peut être nulle à
moins que ses trois composantes rectangulaires ne
soient aussi nulles individuellement*. Or, c'est ce que
montre évidemment la construction géométrique, car

la diagonale MF du parallélépipède ne peut devenir nulle sans que les trois arêtes MA, MB, MC ne soient nulles aussi.

Les composantes x, y, z, peuvent aisément s'exprimer en fonction de la résultante F et des angles FMX, FMY, FMZ, que nous désignerons par X, Y, Z. En effet pour la composante Z, par exemple, le triangle AFM, rectangle en A, donne

$$MA = MF \cos FMZ,$$

ou $\qquad z = F \cos Z ;$

de même si l'on joint FC, le triangle FMC donnera

$$y = F \cos Y,$$

et si l'on joint FB, le triangle FMB donnera

$$x = F \cos X,$$

qui sont les trois expressions demandées des composantes.

Si l'on substitue ces expressions dans celle du carré de F trouvée plus haut, toute l'équation devient divisible par F; et cette opération faite, il reste

$$1 = \cos^2 X + \cos^2 Y + \cos^2 Z,$$

c'est-à-dire que la somme des carrés des trois cosinus des angles X, Y, Z, doit toujours être égale à l'unité. Ceci montre que les trois angles formés par une droite MF avec trois axes rectangulaires, ne sont pas absolument indépendans les uns des autres, mais sont assujettis à la relation précédente, qui offre ainsi une étension de ce qui a lieu dans un plan pour les angles complémentaires formés dans un angle droit.

86. Reprenons maintenant le cas général de la fig. 69, où le point M est supposé sollicité par un nombre

quelconque de forces dirigées comme on voudra dans
l'espace. On pourra toujours par ce point, fig. 71, concevoir trois droites indéfinies MX, MY, MZ, rectangulaires entre elles; et puisque les forces MF_1, MF_2,
MF_3... sont supposées données en grandeur et en direction, on devra connaître leurs intensités respectives
F_1, F_2, F_3, ... ainsi que les angles X_1, Y_1, Z_1; X_2, Y_2, Z_2;
X_3, Y_3, Z_3, formés par chacune d'elles avec les trois
axes rectangulaires. Ainsi, d'après le théorème que
nous venons de démontrer tout à l'heure, on pourra
substituer à chacune de ces forces ses trois composantes
parallèles aux mêmes droites, c'est-à-dire

$$\text{à } F_1 \ldots x_1 = F_1.\cos X_1, \quad y_1 = F_1 \cos Y_1, \quad z_1 = F_1 \cos Z_1,$$
$$\text{à } F_2 \ldots x_2 = F_2.\cos X_2, \quad y_2 = F_2 \cos Y_2, \quad z_2 = F_2 \cos Z_2,$$

et ainsi des autres, les trois angles relatifs à chaque
force étant toujours assujettis à la relation trouvée plus
haut entre les carrés des cosinus. Mais cette décomposition faite, toutes les composantes parallèles à un
même axe, coïncidant en direction sur cet axe même,
s'ajoutent ensemble ou se retranchent les unes des autres, selon que le sens de leur action est conspirant
ou opposé; de sorte qu'elles peuvent toujours être combinées algébriquement par simple addition, en considérant comme positives celles qui agissent dans un
certain sens, et comme négatives, celles qui agissent
dans le sens contraire. Alors en représentant par x, y, z
ces résultantes partielles, on aura évidemment pour
leur valeur

$$
\begin{aligned}
& x = F_1 \cos X_1 + F_2 \cos X_2 + F_3 \cos X_3 \ldots \text{etc.} \\
(1) \quad & y = F_1 \cos Y_1 + F_2 \cos Y_2 + F_3 \cos Y_3 \ldots \text{etc.} \\
& z = F_1 \cos Z_1 + F_2 \cos Z_2 + F_3 \cos Z_3 \ldots \text{etc.}
\end{aligned}
$$

Maintenant si l'on exprime par F la résultante des trois

forces rectangulaires x, y, z, ce sera la résultante totale des forces F_1, F_2, $F_3 \ldots$; or, d'après le théorème
démontré plus haut, on aura

$$(2) \qquad F^2 = x^2 + y^2 + z^2.$$

On pourra donc calculer F par cette formule, puisque
les trois forces x, y, z sont connues.

Ceci ne donne encore que l'intensité de cette résultante; pour trouver sa direction dans l'espace, nommons
X, Y, Z les trois angles inconnus qu'elle forme avec les
trois axes rectangulaires; ces angles devront toujours
satisfaire à la relation générale

$$1 = \cos{}^2 X + \cos{}^2 Y + \cos{}^2 Z,$$

et de plus chacun d'eux sera lié avec une des composantes, x, y, z, puisqu'on devra avoir

$$(3) \qquad \begin{aligned} x &= F \cos X, \\ y &= F \cos Y, \\ z &= F \cos Z. \end{aligned}$$

On pourra calculer les angles X, Y, Z par ces équations,
puisque les quantités x, y, z et F seront toutes connues
en vertu des équations (1) et (2); on aura donc ainsi
l'intensité de la résultante totale et sa direction dans
l'espace, ce qui complète la solution du problème.

CHAPITRE IX.

Composition d'un nombre quelconque de couples agissant simultanément sur un corps solide.

87. Dans le § 34 nous avons appelé *couple* le système de deux forces égales, parallèles, de direction contraire, agissant perpendiculairement aux extrémités d'une même droite; et nous avons annoncé que la considération de pareils systèmes se présentant sans cesse dans les questions d'équilibre, il deviendrait nécessaire d'en étudier spécialement les propriétés statiques; c'est ce que nous allons faire dans le présent chapitre, qui sera le dernier dont nous ayons besoin pour arriver aux applications.

88. Les élémens constitutifs d'un couple sont, 1°. l'intensité des deux forces qui y agissent; nous l'exprimerons généralement par F; 2°. la longueur de la droite rigide, aux extrémités de laquelle ces forces sont appliquées perpendiculairement; nous l'exprimerons généralement par *a*, et nous la nommerons *le bras du couple*.

Ceci convenu, je dis d'abord que *le couple formé par les forces* F *et le bras a est équivalent à tout autre couple qui serait formé sur la même droite, et dans des directions parallèles, par les forces* F′ *et le bras a′, pourvu que les produits* Fa *et* F′a′ *soient égaux;* de sorte que tous les couples qui satisfont à cette égalité des momens statiques peuvent être indifféremment substitués les uns aux autres, dans toutes les conditions d'équilibre des corps.

Pour le prouver, soit, fig. 72, AB la ligne a, et AF, BF les deux forces égales F qui constituent le couple primitif; puis, supposons d'abord que le bras a' du nouveau couple doive être plus grand que a. Pour le construire, on prolongera d'abord la droite AB indéfiniment de part et d'autre de son milieu C; et, à partir de ce milieu, on portera, de chaque côté, les longueurs CA', CB' égales entre elles et à la moitié de a'; A'B' devra être le bras du nouveau couple. Pour achever de former celui-ci, décomposez d'abord AF ou F en deux forces F', φ', parallèles entre elles, de même sens, et dont l'une s'appliquera au point A', l'autre au point milieu C. Cela sera toujours possible, puisqu'il suffira pour cela que les deux composantes F', φ', prises ensemble, égalent la force F, et soient réciproques aux distances AA', CA qui séparent chacune d'elles de la résultante, § 30, c'est-à-dire qu'on ait

$$\mathrm{F}' + \varphi' = \mathrm{F},$$
$$\mathrm{F}'.\mathrm{AA}' = \varphi'.\mathrm{CA};$$

d'où l'on tire pour la valeur individuelle de F',

$$\mathrm{F}'.\mathrm{CA}' = \mathrm{F}.\mathrm{CA}.$$

Opérons la même décomposition sur BF : comme tout est semblable de part et d'autre du point C, les résultats seront les mêmes; c'est-à-dire que l'on trouvera la même composante F'' égale à F', mais appliquée en B'; et aussi la même composante φ'' égale à φ', et appliquée en C; mais F'' et φ'' seront de sens contraires à F' et φ'. Maintenant, si l'on suppose les prolongemens AA', BB' rigides comme CA et CB, il est clair que l'on pourra, dans toutes les questions d'équilibre, remplacer chacune des deux forces égales AF, BF du premier couple par les deux composantes dans lesquelles nous venons de la résoudre, et par conséquent le couple même, par l'action simultanée des quatre composantes placées comme le représente la figure. Mais, deux de ces composantes, savoir, les forces φ', φ'', sont égales, de direction contraire, et appliquées au même point C; elles doivent donc se détruire mutuellement; de sorte que les seules forces égales F', F'' restent seules agissantes. Or, ces forces égales sont aussi parallèles, de sens contraires, et perpendiculaires à la droite AB; elles constituent donc elles-mêmes un couple qui se trouve ainsi assujetti à la condition unique

$$F'.CA' = F.CA,$$

ou en doublant

$$F'.2.CA' = F.2CA.$$

c'est-à-dire

$$F'a' = Fa,$$

ce qui est précisément le résultat énoncé.

Nous avons supposé le bras a' du nouveau couple plus grand que le bras a du couple primitif. Supposons maintenant qu'il doive être plus petit; par exemple, égal à A'B', fig. 73. On répartira chaque moitié de cette longueur de part et d'autre du centre C sur la droite AB, comme tout à l'heure; puis on décomposera de même AF ou F en deux forces parallèles F', φ', dont l'une AF' ou F' devra être appliquée au point A', et l'autre φ' au point C; par conséquent cette dernière devra être nécessairement de sens contraire à F, puisque l'on veut qu'elle tombe du même côté par rapport à la résultante F. Cette condition, démontrée dans le § 32, donnera ici

$$F' - \varphi' = F, \quad \varphi'.CA' = F.AA';$$

d'où l'on tire pour la valeur individuelle de F',

$$F'.CA' = F.CA \quad \text{ou} \quad F'.a' = F.a,$$

comme tout à l'heure. En opérant de la même manière

sur l'autre composante BF du couple primitif, il est clair que l'on obtiendra des résultats pareils ; c'est-à-dire la même force F″ ou F′ appliquée au point B′, et aussi la même force centrale φ'' ou φ', mais l'une et l'autre de sens opposé à ce qui a lieu de l'autre côté du couple. Ainsi quand on substituera au couple primitif le système des quatre forces dans lesquelles il se décompose, les deux forces centrales s'entre-détruiront comme tout à l'heure, et il restera seulement le nouveau couple F′, a', assujetti à la condition unique

$$F'.a' = F.a ;$$

ce qui complète la proposition énoncée plus haut.

89. D'après cette proposition, le bras a' du couple équivalent est tout-à-fait arbitraire ; on pourrait donc le prendre égal à l'unité de longueur, pourvu que l'on y appliquât une force F′, conforme à la relation précédente, c'est-à-dire telle que l'on eût

$$F' = Fa.$$

Comme cette transformation simplifie beaucoup les énoncés, nous en ferons très fréquemment usage ; et, lorsque nous aurons à considérer des couples quelconques, nous les remplacerons presque toujours par le couple équivalent qui aura pour bras l'unité de longueur ; de sorte que chaque couple sera complètement caractérisé par l'intensité des forces Fa, ainsi appliquées. Désormais nous appellerons ce produit Fa, le *moment statique du couple*, et nous exprimerons tous les résultats qui précèdent, en disant que *deux couples sont équivalens lorsque leurs momens statiques sont égaux*.

90. En général, quand deux systèmes de forces ne sont qu'une simple transformation l'un de l'autre, il est tout naturel qu'ils se fassent mutuellement équilibre,

si on les applique en sens contraire au même corps. C'est ce qui a lieu, par exemple, dans le cas actuel, pour tous les couples que l'on peut déduire d'un même couple primitif, car deux pareils couples dont les momens statiques sont égaux, étant opposés directement l'un à l'autre, s'équilibrent mutuellement.

Pour le prouver, soient FABF, F'A'B'F', fig. 74, les deux couples, satisfaisant à la condition

$$Fa = F'a'.$$

Plaçons leurs bras a, a', fig. 75, sur une même droite avec les centres coïncidans, et supposons-les fixement unis. Opposons ensuite les deux couples l'un à l'autre dans le même plan, comme le représente la figure, de manière que les forces qui agissent du même côté du centre commun aient des directions contraires pour les deux couples. L'égalité supposée des momens statiques donnera ici, en la divisant par 2,

$$AF . CA = A'F' . CA'.$$

Or, par la définition même du couple, on a $CB' = CA'$ et $B'F' = A'F'$; donc l'égalité précédente peut s'écrire ainsi,

$$AF . CA = B'F' . CB'.$$

Sous cette forme, elle montre que le centre C divise la droite AB', en parties réciproquement proportionnelles aux forces AF, B'F' qui agissent dans le même sens et sont appliquées à ses extrémités. La résultante des deux forces AF, BF' que nous désignerons par φ, passe donc par le point C, leur est parallèle, et est égale à leur somme, c'est-à-dire à $AF + BF'$. On démontrera de même que la résultante des deux forces BF, A'F' passe aussi par le point C et est égale à leur somme ou à BF+A′F′. Ces deux résultantes sont donc égales entre elles, opposées en direction et appliquées au même point C; ainsi elles se font mutuellement équilibre ; et comme elles sont équivalentes au système total des deux couples, puisqu'elles s'en déduisent par les seules lois de la composition des forces, il faut en conclure que les deux couples ainsi disposés s'équilibrent mutuellement.

91. Les couples ont encore quelques autres propriétés qui sont relatives à leur direction ou à leur position dans l'espace, et qu'il est nécessaire de connaître, parce qu'elles simplifient considérablement les applications. Ces propriétés sont réunies dans l'énoncé suivant:

Tout couple Fa, appliqué à un corps solide, peut être remplacé par le même couple transporté parallèlement à lui-même dans son propre plan, ou dans tout autre plan parallèle ; et en outre il peut être tourné comme on voudra dans chacun de ces plans sans changer en rien l'état du corps auquel il est appliqué, pourvu que les nouveaux points d'application auxquels on l'attache soient censés liés invariablement aux premiers, auxquels il était attaché d'abord.

92. Démontrons ces propositions par ordre. Soit d'abord, fig. 76, FABF, le couple proposé ayant pour forces AF, BF, égales entre elles, et pour bras AB; et soit A′B′, la position parallèle où l'on veut le transporter dans son propre plan. Aux deux extrémités du nouveau bras A′B′, qui est égal et parallèle à AB, appliquons deux forces A′F′, B′F′, respectivement égales et parallèles aux forces AF, BF du couple primitif, et détruisons aussitôt leur effet en appliquant aux mêmes points deux autres forces A′f′, B′f′, respectivement égales et contraires aux précédentes. Le système des quatre forces ainsi appliquées au bras A′B′ sera nul de lui-même, et par conséquent on pourra le lier rigidement au bras AB sans changer

en rien l'état du corps dont ce bras fait partie. Mais alors l'ensemble des six forces pourra être envisagé d'une autre manière. Car d'abord, si l'on considère les deux forces AF, B'f' qui sont égales, parallèles, et agissent dans le même sens aux extrémités de la droite AB' supposée rigide, il est clair qu'elles peuvent être composées en une seule résultante φ égale à leur somme ou à 2AF, laquelle ira s'appliquer au milieu de cette droite, c'est-à-dire au point O, où se coupent les deux diagonales du parallélogramme ABA'B'; et cette résultante agira dans le sens de AF. Mais, si l'on considère de même BF' et A'f', qui sont appliquées aux extrémités de BA', on les composera également en une seule résultante φ' égale à 2BF ou 2AF, laquelle viendra pareillement s'appliquer au point O, en sens contraire de la précédente. Ces deux résultantes égales et contraires s'entre-détruiront ainsi mutuellement; de sorte qu'il ne restera plus d'agissant que le système des deux forces non détruites, A'F', B'F', appliquées aux deux extrémités de la droite A'B'; c'est-à-dire le couple primitif FABF transporté parallèlement à lui-même dans son propre plan, comme nous l'avions annoncé.

93. Et si l'on voulait que le nouveau couple F'A'B'F' ne fût pas dans le même plan que le premier, mais seulement dans un plan parallèle, la démonstration, et jusqu'à la figure, seraient encore les mêmes. Car A'B' étant toujours égale et parallèle à AB, quoique non comprise dans le plan FABF, la figure ABA'B' serait encore un parallélogramme dont les diagonales se couperaient en leur point milieu; ainsi, en appliquant à A'B' un système nul de lui-même, comme tout à l'heure, et composé de quatre forces respectivement égales et parallèles à celles qui constituent le couple primitif, on réduirait de même quatre de ces forces à deux résultantes φ, φ',

égales entre elles, de direction contraire et passant toutes deux par le point O, de sorte qu'elles s'entre-détruiraient mutuellement. Il ne resterait donc que le couple F'A'B'F', c'est-à-dire le couple primitif FABF, transporté parallèlement à lui-même, de son plan actuel dans le plan F'A'B'F'.

94. Maintenant, pour montrer que l'on peut faire tourner à volonté un couple dans son propre plan, autour de son centre, soit, fig. 77, FABF, la première position du couple et F'A'B'F' la nouvelle position qu'on veut lui donner, son bras et ses forces restant les mêmes. Appliquez comme tout à l'heure aux points A', B', les forces A'F', B'F', qui constituent le couple transporté; puis détruisez-les aussitôt par deux forces $A'f'$, $B'f$, égales et de directions contraires. Il est clair que le système des quatre nouvelles forces ainsi appliquées sera nul de lui-même; et par conséquent on pourra lier invariablement le nouveau bras A'B' à l'ancien AB, sans qu'il en résulte aucun effet dans le corps solide dont AB fait partie. Mais alors l'ensemble des six forces ainsi combinées pourra être envisagé d'une autre manière; car, si l'on prolonge indéfiniment les lignes AF, A'F', jusqu'à ce qu'elles se coupent en un point O, et que l'on prolonge de même BF et B'F' jusqu'à ce qu'elles se coupent en un point O', il est clair par la seule symétrie de la figure, que AO sera égal à A'O, BO à B'O'; et que de plus, ces quatre lignes seront égales entre elles des deux côtés du centre C, de sorte que les angles opposés ACA', BCB' seront respectivement divisés par CO et CO' en deux parties égales; d'où il suit que les points O, C, O', forment une ligne droite, dont le milieu est en C. Cela posé, si l'on considère d'abord les deux forces AF, $A'f$, en supposant leurs points d'application respectivement transportés en O sur leur di-

rection propre, il est clair qu'elles auront une certaine résultante; et, comme elles sont égales et également inclinées sur CO, cette résultante se dirigera sur le prolongement de CO même. Maintenant si l'on répète la même opération sur les deux forces BF, B'f', en transportant leurs points d'application en O', elles fourniront aussi une résultante dirigée sur le prolongement de CO', laquelle sera égale à la précédente, mais dirigée en sens opposé, comme le sont les forces dont elle dérive. Ces deux résultantes étant ainsi appliquées suivant une même droite, OCO' que l'on suppose rigide, s'entre-détruiront mutuellement, et leur effet ou celui des quatre forces qu'elles représentent sera nul dans le système. Il ne restera donc d'actif que le couple F'A'B'F', c'est-à-dire le couple primitif, tourné de l'angle ACA' dans son plan et autour de son centre.

Chacune des modifications de lieu que nous venons de considérer pouvant être appliquée successivement au même couple, les propriétés énoncées au commencement de ce paragraphe se trouvent démontrées généralement.

95. A l'aide de ces propriétés, nous allons montrer que, *si plusieurs couples, en nombre quelconque, sont appliqués simultanément à un corps solide, ils pourront toujours être composés en un seul.*

D'abord, pour réduire la question à ses termes les plus simples, nous commencerons par substituer à tous les couples proposés des couples équivalens, ayant pour bras l'unité de longueur, § 89. Nous n'aurons plus ainsi à considérer que des couples ayant des bras égaux.

Maintenant tous ceux de ces couples qui seront dans un même plan pourront, d'après le § 94, être tournés autour de leur centre, de manière à devenir parallèles; puis, d'après le § 92, on pourra les transporter sur la

même droite, de manière que leurs centres coïncident;
et comme leurs bras sont d'égale longueur, les extrémités de ces bras où les forces s'appliquent coïncideront pareillement. Alors les forces, qui sont perpendiculaires aux bras dans tous les couples, se trouveront
dirigées suivant les mêmes droites. Ainsi elles s'ajouteront ensemble ou se soustrairont les unes des autres, selon qu'elles agiront dans le même sens ou dans des sens
opposés; et cette opération étant la même de part et
d'autre du centre commun, donnera en définitif un
couple unique formé par les résultantes ainsi obtenues,
appliquées à l'unité de longueur. Tous les couples ré-
sultans ainsi obtenus, qui se trouveront situés dans des
plans parallèles entre eux, pourront ensuite, d'après
le § 93, être transportés dans un seul de ces plans.
Alors, en les y tournant de manière à rendre leurs bras
parallèles, et les transportant jusqu'à les superposer,
on les réduira tous en un couple unique, qui sera équivalent à tous les couples primitivement compris dans
les plans parallèles à celui que l'on aura considéré.

Ainsi, quels que soient le nombre, la direction et la
nature des couples que l'on supposera agir sur un corps
solide, on pourra, par les opérations précédentes, les
réduire à un certain nombre de couples situés dans des
plans non parallèles, et ayant toujours pour bras l'u-
nité de longueur, comme précédemment; de sorte qu'il
reste simplement à montrer comment on peut composer
ces couples non parallèles.

Pour cela, considérant d'abord deux de ces couples,
prolongeons leurs plans jusqu'à ce qu'ils se coupent;
puis, tournant chacun des couples dans son propre plan,
et l'y transportant, s'il est nécessaire, amenons les deux
couples à avoir leurs bras placés sur la commune section des deux plans, et leurs centres au même point de

cette droite. Comme leurs bras sont supposés égaux à l'unité de longueur, les extrémités de ces bras où les forces s'appliquent coïncideront pareillement; mais à cause de l'obliquité supposée des deux plans entre eux, les forces ne seront pas dirigées sur la même droite; et ainsi elles ne se réuniront pas entre elles par simple addition, comme dans le cas du parallélisme, mais on les composera par l'application du parallélogramme des forces, comme on va le voir.

En effet, soient, fig. 78, FABF, fABf ces deux couples non parallèles, ainsi réduits. Les forces AF, Af appliquées en A, étant toutes deux perpendiculaires à la commune section AB des deux plans, il s'ensuit que cette commune section se trouve perpendiculaire au plan FAf qui contient ces forces; donc, si l'on compose celles-ci en une seule, en formant le parallélogramme FAfR, la diagonale AR qui exprime leur résultante, sera aussi perpendiculaire à AB.

La même opération, répétée à l'autre extrémité B du bras commun des deux couples, donnera, à cause de la complète symétrie de la figure, des résultats absolument pareils. Le plan FBf des deux forces étant perpendiculaire à la commune section BA des deux plans, celle-ci à son tour se trouvera également perpendiculaire à la résultante BR conclue du parallélogramme des forces; de plus, cette résultante BR sera égale à AR, et enfin elle lui sera parallèle. Car, si l'on mène un plan par AR et AB, puis un autre par BR et BA, ces deux plans feront avec le plan FABF des angles dièdres RAF, RBF absolument égaux entre eux; ils le coupent d'ailleurs suivant la même droite AB : donc ils coïncideront complètement. Ainsi les deux résultantes AR, BR, comprises toutes deux dans ce plan, y seront perpendiculaires à la même droite AB, ce qui les rend parallèles;

de plus elles sont égales; donc elles constituent un couple; et puisqu'elles équivalent à l'action simultanée des quatre forces qui composent les deux couples FABF, *f*AB*f*, on voit que ceux-ci se trouvent remplacés par le couple unique RABR.

Maintenant, s'il existe d'autres couples appliqués au corps solide, on pourra de même composer un d'eux avec RABR, ce qui donnera un nouveau couple équivalent aux trois que l'on aura considérés; ce nouveau couple résultant pourra se composer de même avec un quatrième, et ainsi de suite, jusqu'à ce que tous les couples situés dans des plans non parallèles aient été ainsi progressivement combinés; et l'on voit que le résultat définitif de l'opération sera toujours un couple unique, équivalent à l'action simultanée de tous les couples qui sollicitent le système.

96. Toutes les combinaisons que nous venons d'exposer peuvent être écrites en calcul d'après les seules formules de la composition des forces que nous avons exposées plus haut. Mais, quoique ce calcul soit du plus grand intérêt, parce qu'il sert de base aux recherches les plus élevées de la Mécanique et du système du monde, nous n'entreprendrons point de nous y engager; et les considérations précédentes nous suffiront pour les applications que nous aurons spécialement à faire dans le reste de ce cours.

CHAPITRE X.

Applications des principes précédens à la recherche des conditions d'équilibre des corps solides.

97. La manière la plus générale dont on puisse envisager ce problème, c'est de concevoir un corps solide sollicité en divers points de sa masse par un nombre quelconque de forces agissant dans des directions quelconques, et de chercher les conditions nécessaires pour que l'effet général de ces forces se trouve anéanti, soit par leur seule réaction mutuelle, si le corps est tout-à-fait libre dans l'espace, soit par la combinaison de leurs efforts avec les résistances qu'opposent les obstacles auxquels le corps peut être assujetti. Pour fixer nos idées sur ce dernier cas, il convient d'examiner quelle peut être la nature de ces résistances, et comment les conditions de l'équilibre peuvent en être modifiées.

D'abord le corps peut avoir un de ses points invariablement fixé dans l'espace. Alors ce point devant demeurer immobile, il ne restera plus au corps que la liberté de tourner autour de lui en tous sens : ainsi ce genre de mouvement sera le seul qu'il soit nécessaire d'empêcher pour que l'équilibre ait lieu.

Secondement, il se pourra que le corps ait deux de ses points ainsi fixés. Alors la droite rigide qui les joint devant rester immobile, le corps pourra seulement tourner autour d'elle : il ne restera donc qu'à anéantir la possibilité de ce mouvement.

Remarquons que l'on ne pourrait supposer plus de

deux points fixés dans un corps solide, sans qu'il se trouvât complètement rendu immobile, ce qui rendrait inutile la recherche des conditions de son équilibre. En effet, imaginons trois points fixes : le triangle formé sur ces trois points, comme sommets, deviendra fixe. Or, tout autre point du corps est complètement déterminé de position par ses distances à ces trois premiers points, et ne peut se déplacer qu'avec eux. Donc, s'ils sont immobiles, tout autre point du corps le deviendra aussi nécessairement.

Mais un corps solide peut encore être gêné dans ses mouvemens, sans qu'aucun de ses points soit fixé. Il peut seulement être astreint, par exemple, à s'appuyer contre un plan immobile et impénétrable, c'est-à-dire être assujetti à le toucher par un ou plusieurs points.

Dans ce cas, l'impénétrabilité du plan et son immobilité font qu'il ne peut être percé ni déplacé par le corps ; et en conséquence il anéantit tout effort normal à sa surface qui tendrait à produire l'un ou l'autre de ces effets. Ainsi la résistance opposée par le plan peut être considérée comme une force normale à sa surface, et qui se développe en chacun des points de contact, avec des intensités qui peuvent être inégales pour ces différens points. Or, par le seul fait que ces résistances ont des directions parallèles, elles doivent toujours avoir une résultante égale à leur somme, et dont le point d'application tombe nécessairement dans l'intérieur de l'espace plan compris entre les points de contact. Il restera donc à examiner l'influence qu'une force ainsi dirigée, et ainsi limitée dans son mode d'application, peut avoir sur l'équilibre du corps qui s'appuie contre le plan résistant.

98. Concevons maintenant un corps solide dont un certain nombre de points M_1, M_2, M_3,... fig. 79,

soient sollicités par autant de forces M_1F_1, M_2F_2, M_3F_3...
ou F_1, F_2, F_3, dirigées d'une manière quelconque
dans l'espace. Nous ne limitons en rien la généralité du
problème, en ne supposant ainsi à chaque point qu'une
seule force; car s'il y en avait plusieurs, on pourrait
toujours les composer en une seule résultante, ce qui
rentrerait dans notre énoncé.

Maintenant, l'action d'un tel système de forces peut,
sans rien perdre de sa généralité, être réduite à des termes
infiniment plus simples. En effet, d'un point quelconque O pris dans l'intérieur du corps solide, ou lié invariablement avec lui, menons d'abord une perpendiculaire OP, sur la direction de la force F_1, et concevons
cette force appliquée en P_1, suivant la même direction,
ce qui sera permis si les deux points M_1 et P_1 sont supposés liés rigidement l'un à l'autre, comme on peut toujours le faire, § 14. Cela fait, appliquons au point O
une force auxiliaire Of_1 égale et parallèle à F_1, et détruisons aussitôt son effet par l'application d'une force
$O\varphi_1$ exactement égale, mais dirigée en sens opposé. Cette
double opération ne changera rien à l'état statique du
corps solide, puisque les nouvelles forces ainsi appliquées se détruisent d'elles-mêmes l'une par l'autre. Mais
alors le système des trois forces F_1, f_1, φ_1, pourra
être envisagé d'une autre manière; savoir, comme se
composant de la force f_1 ou F_1, appliquée au point O,
et d'un couple $F_1P_1O\varphi_1$, formé par les forces F_1, φ_1
agissant aux extrémités du bras OP_1; ou, si l'on ex-
prime OP, par r_1, on pourra encore considérer ce
couple comme formé par deux forces d'une intensité
F_1r_1, appliquées à un bras égal à l'unité de longueur,
§ 89. Enfin, on pourra supposer ce nouveau couple
transporté dans son propre plan, jusqu'à ce que le
centre de son bras vienne coïncider avec le point O.

En opérant de même sur toutes les autres forces $F_2, F_3, \ldots$, on obtiendra des résultats pareils. Chacune d'elles se trouvera remplacée par une force égale appliquée au point O, et par un couple $F_2 r_2$, $F_3 r_3 \ldots$ ayant son centre en O, et pour bras l'unité de longueur.

Or, toutes les forces appliquées au point O pourront se composer par le parallélogramme des forces, en une seule résultante R appliquée au même point. Et tous les couples qui ont leur centre en O pourront également, d'après le § 95, se composer en un couple unique ayant aussi ce même centre, et pour bras l'unité de longueur. Donc, en définitif, tout le système des forces $F_1, F_2, F_3 \ldots$ qui sollicite le corps solide de la manière la plus générale, se trouvera réductible à une force unique appliquée en O, et égale à la résultante de toutes ces forces considérées comme transportées en ce point unique; plus au couple résultant, ayant son centre au même point, et pour bras l'unité de longueur; de sorte que, pour établir l'équilibre, il ne restera plus qu'à déterminer les conditions propres à anéantir ces deux genres d'efforts.

Remarquons, avant tout, que la résultante R ne peut pas faire par elle-même équilibre au couple; car la démonstration de cette impossibilité, donnée § 33, subsiste également, soit que la force R se trouve comprise dans le plan du couple, ou qu'elle lui soit extérieure.

Appliquons maintenant ce qui précède aux divers états de liberté ou de gène du corps solide, que nous avons plus haut considérés.

99. 1°. Si le corps est tout-à-fait libre dans l'espace, l'effort du couple résultant ne pouvant être anéanti par la résultante unique R, il faudra, pour

l'équilibre, que le couple et la force soient nuls séparément et indépendamment l'un de l'autre. Or, puisque le couple a été amené à avoir pour bras l'unité de longueur, cela exigera que la force résultante qui agit aux extrémités de son bras soit nulle aussi.

2°. Si le corps est fixé par un point, il n'y aura qu'à prendre ce point pour celui autour duquel les transformations précédentes sont effectuées. Alors l'effort de la résultante R sera anéanti par sa résistance, puisqu'elle s'y trouve appliquée; et ainsi il suffira, pour l'équilibre, que le couple résultant soit nul. L'anéantissement de la force R exige toutefois que la résistance du point fixé soit indéfinie, ou tout au moins égale à R ; et, dans tous les cas, R exprime la pression que ce point supporte.

3°. Si le corps est fixé par deux points, la ligne qui joint ces points constituera dans le corps un axe fixe. En prenant le point O partout où l'on voudra sur cet axe, la résultante R qui s'y trouvera appliquée sera détruite par sa résistance, du moins si celle-ci est supposée indéfinie. Mais, en outre, il ne sera plus nécessaire, pour l'équilibre, que le couple résultant soit nul; il suffira qu'il se trouve compris dans un plan mené par l'axe; car si cela a lieu, son bras coïncidant avec l'axe, se trouvera fixe; et par conséquent l'effet des forces résultantes appliquées à ses extrémités se trouvera anéanti, du moins si la résistance de l'axe est suffisante.

4°. Enfin, si le corps, d'ailleurs libre, est seulement assujetti à toucher un plan invariable, par un ou plusieurs de ses points, il faudra que la résultante R soit normale au plan, pour qu'elle puisse être détruite par sa résistance; et il faudra, en outre, qu'elle tombe dans l'intérieur de l'espace que limitent les points de contact, puisque c'est toujours dans cet espace que s'applique la résultante générale des résistances que le plan oppose, et peut opposer, au corps qui le presse. Mais, quel que soit, entre ces limites, le point où la résultante normale R va percer le plan, on pourra toujours concevoir aux points de contact un système de résistances parallèles dont la somme lui soit égale, et dont les intensités respectives soient telles que leurs résultantes s'exercent sur la même ligne droite que R, ce qui suffira pour que l'effort de R soit détruit. Alors il faudra encore que le couple résultant soit nul de lui-même, puisque la résistance du plan ne peut engendrer qu'une résultante normale, incapable, par conséquent, de détruire l'action d'un couple.

100. Quoique les considérations précédentes comprennent toutes les conditions d'équilibre des corps solides, cependant le cas d'un axe fixe est susceptible de quelques développemens qui en éclaircissent et en facilitent les applications.

Soit, fig. 80, AB cet axe, passant par les deux points fixes donnés A et B. Désignons par M_iF_i, ou par F_i, une quelconque des forces qui sollicitent le corps.

Par le point M, où cette force est appliquée, menez une droite indéfinie M_iA_i parallèle à l'axe fixe; puis, suivant cette droite et la force F_i conduisez un plan dans lequel vous mènerez une autre droite perpendiculaire à la première. Puisque la direction de la force F_i est supposée donnée dans l'espace, on devra connaître l'angle a_i que sa direction forme avec la parallèle à l'axe fixe. Ainsi on pourra décomposer F_i suivant cette droite et la direction perpendiculaire, ce qui donnera le parallélogramme rectangle $M_iA_iF_iN_i$, où les deux composantes M_1A_1, M_1N_1, auront respectivement pour valeur $F_1\cos a_1$, $F_1\sin a_1$, § 51 ; et l'on pourra, dans toutes les conditions d'équilibre, substituer à la force unique F_1 le système de ses deux composantes ainsi dirigées.

Maintenant, menons par la direction de M_1N_1 un plan perpendiculaire à M_1A_1, et soit O_1 le point où il coupe l'axe fixe AB. Ce plan sera aussi perpendiculaire à l'axe, puisqu'il l'est à sa parallèle M_1A_1. Donc, réciproquement, l'axe sera perpendiculaire à toutes les lignes qui s'y trouveront comprises et qui passent par le point O_1 ; il le sera donc à la ligne O_1M_1, et il en sera de même de M_1A_1 qui est parallèle à l'axe AB. Pareillement, si, du point O_1, on mène O_1P_1 perpendiculaire sur la direction de M_1N prolongée s'il est nécessaire, cette droite, contenue dans le plan normal à l'axe, sera en même temps perpendiculaire à M_1N, et à AB.

Cela posé, appliquons au point O_1, suivant l'axe fixe, deux forces contraires, égales entre elles et à M_1A_1, ou $F_1\cos a_1$; cette addition n'influera point sur l'équilibre, puisque les deux nouvelles forces se détruisent mutuellement. Mais alors on pourra considérer le système des trois forces comme se composant : 1°. d'une force $F_1\cos a_1$ appliquée sur l'axe dans le sens de sa longueur, et qui, par conséquent, sera détruite par la résistance des points fixes A et B supposée suffisante ; 2°. d'un couple formé par les forces $F_1\cos a$, appliquées aux extrémités du bras O_1M_1 ; ou, si nous nommons ce bras d_1, on pourra y substituer le couple équivalent $F_1d_1\cos a_1$, appliqué dans le même plan à l'unité de longueur. Or, ce plan $A_1M_1O_1B$ passe par l'axe ; et le couple peut y être tourné de manière que son bras coïncide avec l'axe même, § 94. Il sera donc également détruit par sa résistance ; et par conséquent les forces M_1N, ou $F_1\sin a$, qui sont normales à l'axe, sont les seules dont l'action influera sur l'équilibre du corps.

Avant de passer à la considération de ces dernières forces, remarquons que la force $F_{,}\cos a_{,}$, appliquée suivant l'axe, pourra être considérée comme appliquée indifféremment à l'un ou à l'autre des points fixes A et B. Pareillement le couple $F_{,}d_{,}\cos a_{,}$, appliqué sur l'axe, et qui a pour bras l'unité de longueur, pourra être transformé en un couple équivalent situé dans le même plan, et qui aura pour bras la distance AB qui sépare les deux points fixes. Car, si cette distance est exprimée par D, les forces qui constituent le couple transformé seront, par le § 88, $\dfrac{F_{,}d_{,}\cos a_{,}}{D}$; et elles agiront parallèlement aux forces $F_{,}d_{,}\cos a_{,}$ dont elles dérivent. Ainsi réparties, elles pourront être considérées comme s'appliquant aux points fixes A et B.

Toutes les autres forces F_{2}, $F_{3}\ldots$, qui sollicitent le corps, étant décomposées de la même manière, on en déduira autant de forces $F_{2}\cos a_{2}$, $F_{3}\cos a_{3}$, appliquées suivant l'axe; plus autant de couples, ayant pour bras la distance AB elle-même, et dont les forces $\dfrac{F_{2}d_{2}\cos a_{2}}{D}$, $\dfrac{F_{3}d_{3}\cos a_{3}}{D}$ seront aussi appliquées perpendiculairement à l'axe, aux points A et B.

Toutes les forces $F_{,}\cos a_{,}$, $F_{2}\cos a_{2}\ldots$ dirigées suivant l'axe, se composeront en une seule résultante égale à leur somme algébrique; et tous les couples $\dfrac{F_{,}d_{,}\cos a_{,}}{D}$, $\dfrac{F_{2}d_{2}\cos a_{2}}{D}\ldots$, dont les forces sont appliquées perpendiculairement à l'axe aux points A et B, se composeront aussi en un couple unique dont le plan passera encore par l'axe, et dont les forces, résultantes des précédentes, seront appliquées aux mêmes points.

Revenons maintenant à considérer les forces $M_1 N_1$ ou $F_1 \sin a_1$, qui sont normales à l'axe; et d'abord transportons leurs points d'application au point P_1, déterminé, sur leur direction, par la rencontre de la perpendiculaire $O_1 P_1$. Cela fait, appliquons en O_1 deux forces auxiliaires opposées l'une à l'autre, parallèles à $M_1 N_1$, et égales entre elles ainsi qu'à $F_1 . \sin a_1$; ce qui n'influera en rien sur l'équilibre; et enfin, supposons le point P_1 rigidement lié à M_1 et à O_1. Alors, le système des trois forces ainsi disposées pourra être considéré comme composé : 1°. d'une force $F_1 \sin a_1$ perpendiculaire à l'axe fixe, et appliquée en O_1; 2°. d'un couple situé dans le plan $M_1 P_1 O_1$ normal à l'axe, et dont les forces $F_1 \sin a_1$ seront appliquées aux extrémités de $O_1 P_1$. Si l'on représente cette dernière longueur par p_1, on pourra y substituer, dans le même plan, un couple $F_1 p_1 \sin a_1$, ayant pour bras l'unité de longueur. La force $F_1 \sin a_1$, appliquée en O_1 à l'axe, pourra être considérée, à son tour, comme la résultante de deux forces appliquées aux points A et B, et dont les intensités respectives seront

$$F_1 \sin a_1 \frac{BO_1}{AB}, \quad F_1 \sin a_1 \frac{AO_1}{AB}, \quad \S\ 3o ; \text{ de sorte qu'elles se-}$$

ront généralement inégales; car il n'y aura d'exception que pour le cas où le point O_1 tomberait au milieu de AB. Ces forces, agissant sur les points fixes A et B, seront détruites par leur résistance supposée suffisante; mais rien ne détruira le couple normal à l'axe formé par les forces $F_1 p_1 \sin a_1$.

En appliquant le même raisonnement aux autres forces normales $F_2 \sin a_2$, $F_3 \sin a_3$, ... on les résoudra de la même manière, en autant de forces normales immédiatement appliquées à l'axe fixe, et susceptibles d'être réparties entre ses points extrêmes; plus, en au-

tant de couples également situés dans des plans perpendiculaires à l'axe, et formés par les forces $F_2\, p_2 \sin \alpha_2$,
$F_3 p_3 \sin \alpha_3$,... appliquées à l'unité de longueur. Or, toutes
les forces ainsi réparties sur les points A et B se composeront en deux résultantes qui seront généralement
inégales comme les forces composantes dont elles dérivent. Ces résultantes, composées avec les forces normales du couple résultant appliqué aux mêmes points
fixes, produiront deux résultantes définitives appliquées
normalement à l'axe en ces mêmes points, et généralement inégales entre elles, comme aussi dirigées dans
des plans différens. Ce seront les pressions exercées trans-
versalement sur l'axe aux points A et B. Nous avons
trouvé plus haut les pressions longitudinales exercées par
les forces $F_1 \cos \alpha_1$,... Tous les efforts que ces points ont
à supporter seront ainsi complètement connus.

Il ne restera donc d'actif dans le système que les
couples formés, dans des plans perpendiculaires à l'axe,
par les forces $F_1 p_1 \sin \alpha_1$, appliquées à l'unité de longueur. Mais tous ces plans étant perpendiculaires à une
même droite, sont parallèles, et ainsi tous les couples
qui y sont situés pourront être transportés dans un
seul d'entre eux, § 93, où l'on pourra encore les transporter et les tourner de manière que leurs centres et
leurs bras se superposent. Alors, comme ces bras sont
égaux, ils se composeront tous en un seul et même
couple, dont le bras sera encore le même, c'est-à-dire
égal à l'unité de longueur, et dont les forces seront les
sommes algébriques des forces individuelles, c'est-à-
dire

$$F_1 p_1 \sin \alpha_1 + F_2 p_2 \sin \alpha_2 + F_3 p_3 \sin \alpha_3 +, \text{ etc.}$$

Comme rien, dans la disposition du système, n'empêche

l'effet de ce couple résultant, il faudra, pour l'équilibre, qu'il soit nul de lui-même, ce qui exige que
l'on ait entre les forces, leurs directions, et leurs distances à l'axe, la relation

$$o = F_1 p_1 \sin a_1 + F_2 p_2 \sin a_2 + F_3 p_3 \sin a_3 \ldots + , \text{etc.}$$

Ainsi, ce sera là l'unique condition, nécessaire et suffisante, pour établir l'équilibre d'un corps solide fixé par
deux points; du moins, en supposant que la droite par
laquelle ces points sont unis, offre une rigidité suffisante pour résister aux efforts qui s'y transmettent, et
dont nous avons évalué plus haut l'intensité et la direction.

CHAPITRE XI.

Les Machines.

101. Lorsqu'un point matériel *libre* est sollicité par deux forces qui y sont simultanément appliquées, il faut, pour qu'il reste en équilibre, que ces deux forces soient égales en intensité et opposées en direction. Et si plusieurs forces appliquées ainsi à un même point doivent être tenues en équilibre par une seule force, il faut que cette dernière soit égale et directement opposée à leur résultante. Dans les applications de la Statique, on désigne ordinairement par le nom de *puissances*, celle, ou celles, des forces, dont on peut disposer pour tenir ainsi en équilibre les autres forces que l'on veut vaincre, et que l'on appelle *résistances*.

Nous emploierons souvent, par la suite, ces dénominations, qui indiquent fort bien le but pratique que l'on se propose d'atteindre dans les applications dont il s'agit.

Ces conditions de l'équilibre d'un point libre se modifient lorsque le déplacement du point est gêné ou limité par quelque obstacle. Par exemple, si le point est maintenu forcément à une distance constante d'un certain centre fixe, auquel il puisse être considéré comme lié par une verge rigide sans pesanteur, il est clair que, quelles que soient les forces qui le sollicitent, la puissance que l'on voudra employer pour arrêter le point n'aura pas à détruire directement tout l'effort de leur résultante; mais il suffira qu'en la composant avec celle-ci, on obtienne une résultante totale qui se dirige vers le

centre fixe ; car alors elle se trouvera ainsi anéantie par
sa résistance, et par conséquent tout déplacement sera
arrêté. De même, si le point matériel se trouvait maintenu forcément dans un plan fixe, il suffirait, pour l'é-
quilibre, que la puissance, étant composée avec les forces
qui le sollicitent, produisît une résultante dirigée perpendiculairement au plan. Or, ces simples changemens
de direction peuvent être, en général, opérés par des
puissances moindres que celles qui seraient nécessaires
pour anéantir directement la résultante totale des résistances appliquées au point matériel.

Les *machines* sont des appareils composés ainsi en
partie d'obstacles, complètement ou incomplètement
fixes, que l'on interpose entre les puissances dont on
dispose et les résistances que l'on veut vaincre ; soit, pour
changer seulement la direction naturelle de la puissance, de manière à transmettre son action aux points
où les résistances s'appliquent ; soit pour combattre ces
dernières avec moins de dépense de force qu'on ne
pourrait le faire par une opposition directe ; soit enfin
pour obtenir ces deux avantages à la fois.

D'après cette définition générale, on conçoit que de
tels appareils peuvent être variés d'une infinité de manières, selon la nature des résistances, leur mode d'action, la forme des systèmes matériels auxquels elles
s'appliquent, et aussi selon toutes les particularités analogues que peuvent offrir les puissances que l'on veut
leur opposer. Toutefois, les plus compliqués de ces appareils peuvent toujours se ramener, plus ou moins immédiatement, à un petit nombre d'élémens constitutifs,
dont il sont seulement des combinaisons et des assemblages, et que l'on appelle pour cette raison, les *machines
simples*. Ce sont les seules que nous devions ici nous
proposer de considérer.

Le Levier.

102. Le levier, considéré abstraitement et d'une manière purement mathématique, est une verge droite ou courbe, que l'on suppose rigide, sans pesanteur, et qui est fixée en un de ses points, autour duquel elle peut seulement tourner en tous sens, avec une parfaite liberté. Ce centre s'appelle *le point d'appui.* On conçoit la verge sollicitée en un certain nombre de ses points, par des forces dirigées d'une manière quelconque dans l'espace, et dont les unes peuvent être considérés comme des puissances, les autres comme des résistances : puis on demande d'assigner les conditions d'équilibre d'un tel appareil.

Ces conditions sont évidemment celles que nous avons trouvées dans le § 99, pour l'équilibre d'un système solide fixé par un point ; car tous les raisonnemens que nous avons faits alors en général, s'appliquent ici littéralement. Toutefois, pour en développer plus spécialement les conséquences, essayons-les sur le cas simple où le levier serait seulement sollicité par deux forces quelconques A_1F_1, A_2F_2, ou F_1, F_2, fig. 81 et 82, dont l'une serait la puissance, et l'autre la résistance. Cela pourrait avoir lieu de deux manières, comme le représentent nos deux figures, selon que les points d'application des deux forces seraient situés sur la verge rigide, des deux côtés du centre fixe, fig. 81 ; ou du même côté, fig. 82. Mais le mode de raisonnement est le même pour les deux cas.

Par le centre fixe C, menez d'abord sur les directions respectives des deux forces des perpendiculaires CP_1, CP_2, dont nous nommerons les longueurs r_1, r_2. En considérant ces perpendiculaires comme des verges rigides invariablement liées au système, nous pourrons transporter les points d'application de nos deux forces en P_1, P_2, sur le prolongement de leurs directions respectives, § 14. Cela fait, appliquez au point C, une nouvelle force Cf_1 ou f_1, égale et parallèle à F_1, et contre-balancez aussitôt son effet, en appliquant au même point une autre force φ_1, égale et directement contraire, ce qui n'altérera point les conditions statiques du système. Effectuez une opération pareille pour la force F_1. Alors la force F_1 pourra être considérée comme remplacée par la force f_1, appliquée au point C; plus, le couple F_1, φ_1, ayant pour bras r_1; ce qui équivaut au couple qui serait formé par des forces $F_1 r_1$ parallèles aux précédentes, sur un bras égal à l'unité de longueur. Pareillement, la force F_2 se trouvera remplacée par la force parallèle f_2, et par un couple construit sur la même unité de longueur, avec les forces $F_2 r_2$. Les deux forces f_1, f_2, concourant au point d'appui C, se composeront en une seule résultante, qui passera aussi par ce point, et sera conséquemment détruite par sa résistance, de sorte que les deux couples resteront seuls à considérer. Or, pour ceux-ci, les plans qui les contiennent, ayant le point C commun, ou se couperont, ou coïncideront dans toutes leurs parties; et, dans les deux cas, les couples qu'ils contiennent pourront être composés en un seul, § 95. Il faudra donc, pour l'équilibre, que ce couple résultant soit nul; ainsi, nous n'avons plus qu'à examiner comment cela peut avoir lieu, dans l'une et l'autre supposition.

D'abord, si les deux plans se coupent sans coïncider, le couple résultant, obtenu par la construction du § 95, ne sera jamais nul, à moins que les couples composans ne soient individuellement nuls tous les deux; et, puisqu'ils ont pour bras l'unité de longueur, cela exigera que les forces $F_1 r_1$, $F_2 r_2$, qui leur sont séparément appliquées, soient aussi individuellement nulles, ce qui donne pour la première, $F_1 = 0$, ou bien $r_1 = 0$,

pour la deuxième, $F_2 = 0$, ou bien $r_2 = 0$,

c'est-à-dire qu'il faudrait pour l'équilibre que les forces F_1, F_2, fussent toutes deux nulles d'elles-mêmes, ou dirigées vers le point d'appui C; et il est visible en effet, qu'avec ces valeurs, ou cette disposition, la verge rigide, qui est d'ailleurs supposée non pesante, n'aura aucune tendance à se mouvoir. Mais ce mode d'équilibre, évident de lui-même, n'offre réellement aucune application physique de la machine; et, si nous avons dû le développer, c'était seulement pour mettre en évidence toutes les solutions que l'analyse nous donnait.

Venons maintenant à l'autre supposition, qui est celle où les plans des deux couples coïncident ; ce qui exige que les deux forces F_1, F_2 soient dans un même plan avec le point d'appui C.

Alors, d'après les § 92 et 94, les deux couples pourront être transportés et tournés dans ce plan jusqu'à ce que leurs bras se superposent ; et comme ces bras ont même longueur, les forces $F_1 r_1$, $F_2 r_2$, qui sont appliquées perpendiculairement à leurs extrémités, se trouveront agir aux mêmes points, et suivant les mêmes droites. Ainsi elles se composeront ensemble par simple addition ou par soustraction, selon qu'elles se trouveront alors de même sens ou de sens contraire ; de sorte que le couple résultant sera généralement formé par les forces $F_1 r_1 + F_2 r_2$, égales à leur somme algébrique, appliquées de même à l'unité de longueur. Il faudra donc, pour la nullité du couple résultant, que ces forces résultantes qui le constituent soient nulles, c'est-à-dire que l'on ait

$$F_1 r_1 + F_2 r_2 = 0 , \quad (1)$$

les forces F_1, F_2 étant d'ailleurs comprises dans un même plan avec le point d'appui C. L'équilibre du levier se trouvera par conséquent établi, si ces deux conditions sont satisfaites.

Il importe de remarquer que, dans l'équation (1), le signe algébrique des forces F_1, F_2, ou $F_1 r_1$, $F_2 r_2$, s'applique au sens d'action que ces forces prennent lorsqu'on a fait tourner chaque couple *dans son propre sens* jusqu'à ce que leurs bras coïncident ; ce qui fait qu'alors les forces qui tendent à faire tourner le bras commun dans le même sens, s'ajoutent et doivent être prises avec le même signe algébrique, tandis que celles qui tendent à le faire tourner en sens contraire se retranchent l'une de l'autre, et doivent par conséquent être prises avec des signes opposés. Ce dernier cas, par exemple, a lieu avec le sens que nous avons attribué aux forces dans les figures 81 et 82. Alors, d'après ce que nous venons de remarquer, l'une des deux forces F_1 ou F_2 doit être considérée comme négative par rapport à l'autre, ce qui établit la même opposition de signe entre les produits $F_1 r_1$ et $F_2 r_2$; car les distances r_1, r_2 doivent toujours être considérées comme ayant un même signe et un signe invariable, puisque tous les couples qui agissent dans le même plan peuvent, sans changer l'état statique du système, être ramenés à avoir leurs bras coïncidans sur la même direction. On devra donc toujours, dans les applications numériques, employer les distances r_1, r_2 comme positives, en ayant seulement soin de donner aux forces F_1, F_2 le signe propre qui convient à leur direction relative, comme nous venons de l'expliquer.

103. Ceci convenu, si les forces F_1, F_2 étaient de même signe entre elles, positives, par exemple, le premier membre de l'équation (1) serait la somme de deux quantités positives, et conséquemment il ne pourrait

être nul, à moins que chacune de ces quantités ne fût nulle séparément; ce qui exigerait qu'on eût, comme tout à l'heure,

$$F_1 = 0 \quad \text{ou} \quad r_1 = 0,$$

et en outre $\quad F_2 = 0 \quad \text{ou} \quad r_2 = 0;$

c'est-à-dire qu'il faudrait que les forces F_1, F_2 fussent nulles d'elles-mêmes, ou dirigées vers le point d'appui C. Il est visible, en effet, qu'avec ces valeurs ou cette disposition, la verge rigide n'aurait aucune tendance à se mouvoir. Telles sont donc, d'après la formule, les seules manières dont l'équilibre puisse avoir lieu avec l'identité de signe des forces; et, en effet, l'on en concevra la raison physique, en jetant les yeux sur les figures 83 et 84, où cette identité est supposée. Car alors les deux couples partiels, donnés par les deux forces, tendent à faire tourner toutes deux le système dans le même sens; de sorte que leurs efforts s'ajoutent dans la composition des couples, au lieu de se contre-balancer. L'inverse a lieu dans les figures 81 et 82, où les sens de rotation des deux couples sont contraires; et voilà pourquoi l'équation (1) dit qu'alors l'équilibre est possible avec des forces F_1 et F_2 d'intensités quelconques, en choisissant convenablement les distances r_1, r_2, auxquelles on les suppose appliquées.

104. En général, la condition analytique que l'équation (1) exprime est susceptible d'une interprétation qui montre bien comment elle établit l'équilibre, lorsque d'ailleurs, conformément à la première condition reconnue nécessaire, les deux forces et le point d'appui sont dans un même plan. En effet, ceci ayant lieu, les deux forces F_1, F_2 auront généralement une résultante que nous désignerons par R; et, si nous appelons aussi r la longueur de la perpendiculaire menée du centre C sur

sa direction, on aura, en appliquant ici le corollaire du § 52, page 61,

$$R r = F_1 r_1 + F_2 r_2.$$

Si donc l'équation (1) est satisfaite, il en résultera

$$R r = 0 ;$$

ce qui signifie que la résultante R des deux forces F_1, F_2 sera nulle d'elle-même, ou que r sera nulle; c'est-à-dire qu'elle passera par le point fixe ; deux circonstances qui en effet suffiraient séparément pour établir l'équilibre de la verge rigide à laquelle on suppose les forces F_1, F_2 appliquées.

Mais la supposition de r nulle offre seule une application statique réelle. Car, d'après la construction qui donne R dans les figures 81 et 82, cette résultante ne pourrait être nulle sans que ses deux composantes F_1, F_2, ne fussent nulles individuellement, auquel cas le levier ne serait sollicité par aucune force.

On voit aussi que, d'après ces résultats, le point d'appui supporte généralement tout l'effort de la résultante R, et doit par conséquent l'anéantir par sa résistance. C'est aussi ce que nous avait donné notre première transformation géométrique des forces F_1, F_2.

105. Tout ceci suppose le point d'appui C absolument fixe sur la verge rigide à laquelle les forces F_1, F_2 sont appliquées. Mais si ce point, au lieu d'être absolument fixe, était seulement arrêté par un plan ou par une ligne droite, sur lesquels il pût d'ailleurs glisser librement, il ne suffirait plus pour l'équilibre que la résultante R des deux forces fût dirigée vers lui, il faudrait encore qu'elle fût perpendiculaire à la direction du plan ou de la ligne fixe, afin qu'elle fût complètement anéantie par sa résistance normale.

106. Si, au lieu de deux forces appliquées à la verge rigide, on en voulait concevoir un nombre quelconque, le même mode de transformation des forces employé ici et dans le § 98 conduirait encore aux conditions d'équilibre. On trouverait pareillement que le point d'appui est pressé par la résultante de toutes les forces supposées transportées en ce point parallèlement à elles-mêmes, et l'on devrait en outre rendre nul le couple résultant engendré par toutes ces forces. Cette dernière condition serait seulement alors plus difficile à exprimer en général, à moins que toutes les forces ne fussent dans un même plan avec le point d'appui, ce qui rendrait le couple résultant égal à la somme algébrique des couples partiels. Mais, dans ce cas et dans tous les autres, cette condition reviendrait toujours à établir que toutes les forces appliquées au levier fussent individuellement nulles, ou donnassent une résultante passant par le point d'appui supposé fixe; et, si ce point n'était pas absolument fixe, mais limité dans ses déplacemens par une ligne droite ou un plan, il faudrait encore que la résultante des forces fût perpendiculaire à la direction de ces obstacles, afin qu'elle pût être détruite par leur résistance.

107. Jusqu'ici nous avons, pour plus de simplicité, supposé la verge rigide non pesante; mais il est facile de lui restituer cette propriété. En effet, l'action de la pesanteur sur chacun des élémens de sa masse étant verticale, toutes ces forces, ou poids partiels, peuvent être composés en une seule résultante qui sera le poids total de la verge, et qui se trouvera appliqué à son centre de gravité. Alors il ne restera qu'à faire entrer cette force dans les conditions d'équilibre avec toutes les autres, par la méthode générale de combinaison exposée plus haut, § 98, 102.

168. Ayant ainsi établi les lois de l'équilibre du levier d'une manière abstraite, considérons les applications pratiques que peut avoir un semblable appareil, en nous bornant, pour plus de simplicité, au cas de deux forces que nous avons résolu complètement.

D'abord, il est clair que les seules dispositions réalisables de ces forces, sont celles que représentent les figures 81 et 82. Or, en y supposant la première condition de l'équilibre satisfaite, c'est-à-dire que les deux forces F_1, F_2 se trouvent dans un même plan avec le point d'appui, il est clair que le produit $F_1 r_1$ pourra égaler $- F_2 r_2$, ce qui est la seconde condition de l'équilibre, sans que F_1 égale $- F_2$; l'infériorité relative de la plus faible force pouvant être compensée par l'excès de la perpendiculaire r_1 ou r_2, à l'extrémité de laquelle on peut la considérer comme appliquée, et que l'on a coutume d'appeler *le bras du levier*.

Par exemple, si F_1 est la puissance dont on dispose, et F_2 la résistance qu'il faut vaincre ou balancer, et que nous supposerons supérieure à F_1, il n'y aura qu'à lui opposer celle-ci, non pas directement, mais par l'intermédiaire du levier $A_1 C A_2$, en donnant à F_1 un bras de levier plus long qu'à F_2. Car alors en augmentant suffisamment cet excès de longueur, on pourra, quelle que soit la force F_2, non-seulement la balancer avec F_1, mais encore la vaincre.

On a sans cesse sous les yeux, dans les arts les plus usuels, des exemples de pareilles combinaisons. Le maçon qui veut soulever et renverser la masse M, fig. 85, engage dessous l'extrémité A_2 d'une pince de fer qu'il fait poser en C, sur une pierre un peu élevée au-dessus du sol; et il presse en A, avec tout son poids jusqu'à ce que la masse M soit soulevée. C'est précisément la disposition statique de la fig. 81; et la puissance exercée en A, est d'autant plus favorisée par la machine, que le rapport de CA_1 à CA_2 est plus considérable. D'autres fois, comme on le voit fig. 86, c'est le sol même qui sert de point d'appui. Alors la masse à soulever pèse en A_2, et la force musculaire de l'homme, appliquée en A_1, pousse en sens contraire. Cette disposition est analogue à celle de la figure 82. Les manœuvres des leviers dans l'artillerie offrent des exemples continuels de semblables opérations.

On peut remarquer que, des deux forces qui réagissent ainsi l'une contre l'autre, celle qui a le plus long bras de levier, et dont l'effort se trouve ainsi favorisé par la machine, est aussi celle qui parcourt le plus de chemin, ou dont le point d'application est le plus déplacé quand l'autre cède. Lors donc que l'on veut économiser l'intensité de la puissance, comme cela est nécessaire dans presque toutes les applications mécaniques, il faut lui donner les plus grands espaces à décrire, ce qui fait faire à la résistance de plus petits déplacemens; et au contraire, si l'on avait une grande intensité de puissance à sa disposition, et que l'on voulût la faire servir à produire de grands déplacemens sur des résistances plus faibles, il faudrait appliquer la puissance le plus près du centre de rotation. On remarque une disposition pareille dans le mode d'application des muscles qui font mouvoir, les unes autour des autres, plusieurs parties des membres des êtres vivans, par exemple, la main et l'avant-bras de l'homme.

109. *La balance* représentée fig. 87, est un levier droit à bras égaux, aux deux extrémités desquels on suspend des plateaux D_1, D_2, dans lesquels on place les corps dont on veut comparer les poids.

L'appareil doit être disposé de manière que ses deux moitiés, situées des deux côtés du centre C, se fassent mutuellement équilibre lorsqu'il n'y a rien dans les plateaux; de sorte que, dans ce cas, la barre A_1A_2, que l'on appelle le *fléau* de la balance, soit horizontale. Alors, si l'on veut connaître le poids d'un corps M, on le place dans un des plateaux D_1, par exemple, puis on place dans l'autre D_2 les étalons de poids, c'est-à-dire les kilogrammes, et parties de kilogrammes que l'on trouve être nécessaires pour ramener le fléau à l'horizontalité. Ces poids réunis équivalent au poids du corps M.

Ceci suppose que la balance est primitivement réglée conformément aux conditions d'égalité établies plus haut. Or, il est difficile de s'assurer qu'il en est ainsi, et plus difficile encore de corriger l'inexactitude si elle existe; mais on peut en éluder l'effet de la manière suivante.

Ayant placé le corps M dans le plateau D_1, placez dans le plateau D_2, non pas les étalons de poids, mais d'autres corps quelconques dont quelques-uns soient susceptibles d'être divisés en très petites parcelles, jusqu'à ce que vous parveniez ainsi à ramener le fléau A_1CA_2 à l'horizontalité. Alors, ôtez le poids M du plateau D_1, et remplacez-le dans le même plateau par des étalons de poids que vous ajouterez successivement jusqu'à ce que le fléau redevienne de nouveau horizontal. Il est clair que la somme de ces poids égalera exactement le poids du corps M, puisqu'elle produit de même l'équilibre étant placée dans les mêmes conditions que lui. Cette méthode *des doubles pesées* est due à Borda, et la somme des poids ou corps auxiliaires que l'on place dans le plateau D_2, pour faire équilibre au corps M, s'appelle *la tare* de ce corps.

110. *La romaine*, représentée fig. 88, est un levier droit à bras inégaux, qui est surtout employé pour peser de lourds fardeaux.

Les corps que l'on veut peser se suspendent à l'extrémité du bras le plus court CA_2; et on leur fait équilibre en suspendant à l'autre bras CA_2L un poids constant P, dont on varie la distance au point d'appui C jusqu'à ce que le fléau LA_2CA_2 devienne horizontal : ce que l'on reconnaît quand l'anneau qui suspend le poids mobile P, ne glisse pas de lui-même, ou plutôt n'a pas de tendance à glisser, sur le bras CL. Des divisions tracées sur le bras CL indiquent le poids du corps M qui correspond à chacune des positions du poids P. Voici comment ces divisions s'obtiennent.

Désignons d'abord par m le poids total de la barre LCA_2, qui constitue le levier seul, sans y comprendre le poids P ni le corps M. Le poids m agira dans toutes les pesées comme une force verticale appliquée au centre de gravité de la barre, que nous supposerons placé à une distance inconnue x du centre.

Maintenant, concevons que l'on suspende en A_2 l'espèce d'étalon en fonction duquel on veut que les pesées soient exprimées, et représentons par p le poids d'un de ces étalons qui sera, par exemple, le kilogramme. Nommons l la distance constante CA_2. Alors promenant le poids constant P sur le long bras CL, marquons le point A, où il faut le placer pour rendre le fléau horizontal, et représentons la distance CA_1 par X_1. Il est clair qu'alors le levier sera en équilibre en vertu de son poids propre, et des deux forces verticales P et p qui y sont appliquées. Il faudra donc qu'en prenant les signes de ces forces, conformément aux conventions du § 102, la somme algébrique de leurs momens statiques, relativement au centre C, soit nulle; c'est-à-dire que l'on ait

$$mx + pl + PX_1 = 0.$$

Maintenant remplaçons l'étalon p par un autre plus fort, égal, par exemple, à deux fois sa valeur; et marquons de nouveau sur la barre CL le point où il faudra porter le poids constant P, pour opérer ce nouvel équilibre.

Soit X_2 la distance de ce second point au centre C; on aura pour ce cas, comme pour le précédent,

$$mx + 2pl + PX_2 = 0;$$

ajoutant de nouveau un troisième poids p, puis un quatrième, un cinquième, et ainsi de suite, et marquant toujours sur la barre CL les distances $X_3, X_4 ... X_n$, où il faut successivement transporter le poids constant P pour opérer l'équilibre, nous aurons cette série d'équations pareilles aux précédentes.

$$mx + pl + PX_1 = 0.$$
$$mx + 2pl + PX_2 = 0,$$
$$mx + 3pl + PX_3 = 0,$$
$$mx + 4pl + PX_4 = 0,$$
$$\vdots$$
$$mx + npl + PX_n = 0;$$

et, en les retranchant successivement les unes des autres, à commencer par la première, il viendra

$$pl + P(X_2 - X_1) = 0,$$
$$pl + P(X_3 - X_2) = 0,$$
$$pl + P(X_4 - X_3) = 0,$$
$$\vdots$$
$$pl + P(X_n - X_{n-1}) = 0.$$

Ceci nous montre que les différences successives $X_2 - X_1, X_3 - X_2, X_4 - X_3 \ldots$ sont constantes, puisqu'elles ont toutes pour valeur la quantité $-\dfrac{pl}{P}$, dont les élémens sont constans. De là, résulte la règle suivante. Ayant suspendu au bras CL l'étalon p, et marqué le point de la barre où il faut placer le poids constant P pour l'équilibre, remplacez p par un étalon np, égal à n fois sa valeur, et marquez de nouveau la place du poids P. La distance des deux points ainsi obtenus sur la barre, sera $X_2 - X_1$; et en divisant cette distance en $n-1$ parties égales, chacun des points de division ainsi obtenus, sera le lieu du poids P, pour toutes les valeurs intermédiaires entre p et np. On pourra donc marquer à chacune de ces divisions le poids correspondant; et, lorsqu'on aura suspendu au bras constant l, une masse M quelconque, il suffira de transporter le poids constant P, le long du bras opposé jusqu'à ce qu'il opère l'équilibre: le nombre qui se trouvera marqué au point où il s'arrête, exprimera le poids du corps M en fonction de l'étalon p, d'après lequel on a déterminé les divisions. Cette règle, déduite de la différence des équations successives, peut se vérifier immédiatement d'après la première et la dernière, car en les retranchant l'une de l'autre on en tire

$$(n-1)\, pl + P\,(X_2 - X_1) = 0,$$

d'où l'on voit qu'en divisant $X_2 - X_1$ en $n-1$ parties égales, le quotient sera égal à $\dfrac{pl}{P}$, ou à la distance constante des points d'équilibre consécutifs.

111. Dans les applications précédentes, nous avons toujours considéré le centre de rotation C, fig. 87 et 88, comme absolument fixe; de sorte que la barre rigide

qui forme le levier, et que l'on appelle *fléau* dans les balances, ne pût absolument que tourner autour de ce point.

Pour réaliser physiquement cette condition, il faudrait percer la barre, ou fléau, dans le point C, et l'y faire traverser, soit par un axe rigide de même diamètre que l'on fixerait sur des appuis invariables, soit par un anneau également rigide que l'on suspendrait à un point fixe avec tout le système du levier et des poids qu'on y suspend. Or, les surfaces du trou, et de l'axe ou de l'anneau rigide ainsi en contact, éprouveraient, par l'effet du contact même, une résistance à glisser et à tourner les unes sur les autres. Cette résistance, que l'on appelle *frottement* en Physique, gênerait donc la liberté de la rotation autour du centre C; et même l'expérience montre que son énergie augmente proportionnellement au poids total qui presse les unes contre les autres les surfaces en contact. De là résulte que le levier, supposé accidentellement amené à l'horizontalité, pourrait rester dans cette position sous l'influence de poids qui ne se feraient pas réellement équilibre; car il suffirait pour cela que la somme algébrique de leurs momens statiques fût, non pas nulle, mais inférieure au moment statique de la force tangentielle engendrée à la surface intérieure du trou par le frottement. Cette cause d'erreur pouvant devenir ainsi d'une extrême importance, on s'est attaché à l'affaiblir autant que possible, en employant les moyens de suspension les plus propres à assurer la liberté de la rotation. Par exemple, dans les balances destinées à des pesées délicates, au lieu de faire traverser la barre du fléau en son milieu par un axe rigide, on lui donne en cette partie la forme d'un couteau à tranchant obtus, comme le représente la fig. 89; et l'on fait reposer tout l'appareil par ce seul tranchant, sur un plan horizontal formé de quelque matière très dure, aussi bien que le couteau lui-même. Alors le levier n'est pas complètement fixé en C; il y est seulement arrêté dans le sens vertical, de sorte qu'il glisserait si on le tirait dans le sens de sa longueur avec une force supérieure à celle que le frottement développe au contact du tranchant du couteau avec son support. Mais tout effort dans ce sens est une chose que l'on évite avec grand soin, et qui ne se produirait dans les pesées que si l'on amenait le fléau A, CA_2 dans une position très oblique à la verticale. Afin d'empêcher tout accident de ce genre, on limite la rotation du fléau, soit par l'élargissement du plan du support, dont alors les bords l'arrêtent, soit à l'aide de tiges de métal horizontales E, E, attachées à des obstacles fixes, et dirigées perpendiculairement à la longueur du fléau, tant au-dessus qu'au-dessous de lui. Il y a même, dans les balances délicates, des tiges métalliques verticales qui sont portées sur la base de l'appareil, et qui, étant susceptibles d'un mouvement ascensionnel, vont saisir par des fourchettes le fléau et le soulèvent lorsque l'instrument n'est pas mis en usage, afin que le tranchant du couteau ne s'émousse pas pendant ce temps par la continuité de la pression. Par un motif analogue, on a soin de donner au tranchant du couteau une forme plutôt obtuse qu'aiguë, afin qu'il ne forme pas de sillon dans le support, et que son tranchant résiste davantage à s'aplatir; deux effets qui auraient pour résultat inévitable d'augmenter considérablement le frottement en C, et par conséquent de diminuer la sensibilité de la machine. Enfin, pour n'omettre aucune précaution qui puisse contribuer à l'exactitude, on a soin, dans la méthode des doubles pesées, de soulever le fléau par les fourchettes verticales avant d'ôter d'un des plateaux le corps dont on a fait la tare pour le remplacer par les étalons de poids qui doivent produire le même équilibre; et l'on redescend doucement les fourchettes pour rendre le fléau libre lorsque cette substitution a eu lieu. On agit ainsi pour éviter les altérations que la diminution subite de la charge de la balance, et son rétablissement également subit, pourraient produire sur le contact du couteau avec son support, et par conséquent sur leur frottement mutuel, si ces alternatives s'opéraient brusquement.

Le Treuil.

112. Dans le chapitre X, nous avons donné en général les conditions d'équilibre d'un corps solide fixé par deux points ou assujetti à ne pouvoir que tourner autour d'un axe fixe. Deux machines simples très usitées dans les travaux de force présentent cette disposition. L'une est le *treuil* qui s'emploie dans l'exploitation des mines et des carrières; l'autre est employé dans la marine sous le nom de *cabestan*. Il nous suffira presque d'en donner ici la description; car leur théorie ne sera que l'application littérale des principes généraux que nous avons établis dans le chapitre déjà cité.

Un arbre cylindrique AB, fig. 90, est terminé par deux tourillons, également cylindriques $T_{,}, T_{,}$, lesquels ont le même axe, et sont ordinairement métalliques. Ces tourillons reposent sur deux supports fixes, $S_{,}, S_{,}$, également élevés au-dessus du sol, de manière que le cylindre soit horizontal et puisse seulement tourner sur lui-même. Une roue OL, d'un diamètre plus grand que celui de l'arbre, est fixée à celui-ci, dans un plan perpendiculaire à sa longueur. C'est à la circonférence de cette roue que l'on applique la puissance dont on dispose, et que, pour plus de simplicité, nous supposerons dirigée dans le plan même de la roue;

suivant OF, tangentiellement à sa circonférence. La résistance est ordinairement un poids P, suspendu à une corde dont l'extrémité est primitivement fixée au contour de l'arbre, mais qui l'enveloppe généralement d'un certain nombre de tours, de sorte que le poids P, peut être censé agir suivant une direction verticale, tangente à la circonférence même de l'arbre au point M, où la corde commence à se développer. Cet appareil admet plusieurs autres modes d'application de la puissance et de la résistance; mais ils reviennent tous, plus ou moins immédiatement, à celui que nous venons d'expliquer.

Les conditions de l'équilibre, dans cette machine, s'obtiennent immédiatement par la méthode générale, exposée dans le chapitre X. Concevons au centre C de la roue, et par conséquent sur l'axe du cylindre, deux forces auxiliaires Cf, $C\phi$, égales entre elles, ainsi qu'à la force F, et dirigées parallèlement à cette force, en sens opposé. Effectuons une addition analogue en c, centre du cylindre, au point où la corde fait autour de lui son dernier contour. Alors, au lieu des forces OF et MP ou F et P, agissant en O et en M, perpendiculairement aux rayons R, r, de la roue et du cylindre, on pourra considérer le système des mêmes forces F et P, appliquées respectivement aux points C et c de l'axe, plus le système des deux couples $F\phi$, $P\pi$, agissans aux extrémités des bras R, r, ce qui revient à deux couples situés dans les mêmes plans et formés par les forces FR, Pr, appliquées à l'unité de longueur. Or, les forces appliquées en C et c, sur l'axe, sont immédiatement détruites par sa résistance, conséquemment elles ne contribuent en rien à l'équilibre. Celui-ci doit donc s'établir uniquement entre les deux couples. Mais ces couples sont compris dans des plans parallèles; on peut donc les remplacer par deux autres couples pareils, situés dans un même plan qui sera, si l'on le veut, celui de la roue ou celui de la section du cylindre que le dernier tour de la corde embrasse. Ces couples étant réduits au même bras, la condition de leur équilibre sera, que la somme algébrique des forces qui s'y appliquent soit nulle, c'est-à-dire que l'on ait

$$FR + Pr = 0,$$

pourvu que l'on considère les forces F, P comme de même signe lorsqu'elles tendent à faire tourner le cylindre dans le même sens, et comme de signes contraires lorsqu'elles tendent à le faire tourner en sens opposé. On voit par l'équation même que cette dernière condition d'opposition est nécessaire pour l'équilibre; car, si les forces P et F étaient de même signe, les distances R, r, devant aussi, par leur nature, être toujours prises avec un signe commun, l'équation précédente serait impossible à satisfaire. En admettant que l'opposition ainsi nécessitée existe, l'équation signifie que le poids à soutenir et la force qui le maintient en équilibre, sont en rapport inverse des rayons aux extrémités desquels leurs actions s'opèrent. Ainsi, plus le rayon de la roue sera grand, comparativement à celui du cylindre, moindre devra être la puissance F pour faire équilibre au même poids. Mais aussi, par compensation, lorsque l'on voudra élever le poids P, à l'aide d'une pareille machine, plus la force employée agira à l'extrémité d'un rayon considérable et plus le mouvement d'un point de la circonférence de la roue devra être grand, pour faire monter le poids d'une même hauteur.

Telles sont les conditions de l'équilibre. Maintenant si l'on veut connaître les efforts exercés sur l'axe par les forces p, f, il n'y a qu'à considérer d'abord que la force p ou P, agissant en c, peut être considérée comme la résultante de deux forces parallèles à sa direction, et dont l'une serait appliquée en S_1, l'autre en S_2, aux points de contact des supports. D'après la loi de composition des forces parallèles, la première aura pour valeur $\dfrac{P \cdot cS_2}{S_1 S_2}$; la seconde, $\dfrac{P \cdot cS_1}{S_1 S_2}$; de même, la force f, ou F, appliquée en C, donne en S_1 la composante $\dfrac{F \cdot CS_2}{S_1 S_2}$, et en S_2, $\dfrac{F \cdot CS_1}{S_1 S_2}$.

Les deux composantes relatives à chaque support étant composées en une seule, donneront la direction et l'intensité de la pression totale à laquelle ce support est soumis, et qu'il doit pouvoir soutenir pour ne pas se rompre.

113. Dans ce qui précède, nous avons considéré le cylindre, la roue et la corde comme sans pesanteur. Mais il serait facile de se rapprocher en cela des réalités. Le poids de la corde, du moins celui de la portion développée, s'ajoute évidemment au poids P, et n'influe que de cette manière, soit dans l'équilibre, soit dans les pressions. Quant à la roue et au cylindre, si on les suppose de densité uniforme, leur centre de gravité sera, pour la première à son centre, pour le second sur son axe. Leurs poids agissant en ces points, n'auront aucune influence pour faire tourner la machine; mais il se distribueront comme pressions sur les supports S_1, S_2, et joindront leurs composantes à celles qui proviennent de la décomposition de F et P. Si, au contraire, ces deux corps ne sont pas uniformément denses, et que leurs centres de gravité respectifs soient hors de l'axe, leurs poids supposés appliqués à ces centres produiront de plus deux couples, parallèles au couple Pr, et qui accroîtront son effort ou lui seront contraires, selon qu'ils tendront à faire tourner la machine dans le même sens ou en sens

opposé. Ainsi, généralement, ces nouveaux couples ajouteront seulement à l'équation de l'équilibre la somme algébrique de leurs momens statiques autour de l'axe AB.

Mais, pour adapter complètement le calcul du treuil à l'état physique des parties qui le composent, il faudrait encore faire entrer dans les conditions de son équilibre, la résistance opposée à la rotation du cylindre par la friction des tourillons sur les supports, en S_1, S_2. Car cette résistance doit être vaincue, pour que le cylindre tourne, dans quelque sens que ce soit. Or, on peut la considérer comme une force appliquée tangentiellement au contour des tourillons, dans un plan perpendiculaire à l'axe, avec cette particularité, de n'avoir pas, comme les autres forces, une direction propre et constante, mais, au contraire, dépendante et variable; étant toujours opposée à celles des deux forces P ou F, qui l'emporterait sur l'autre et ferait tourner le cylindre si la friction ne s'y opposait. Ce genre de variabilité dans la direction s'exprime, dans le calcul, par une variabilité du signe de la force par laquelle la friction doit être représentée; et cette force, n'ayant d'ailleurs d'action que pour résister à la rupture de l'équilibre, mais non pour faire mouvoir le cylindre, il s'ensuit qu'elle complète seulement l'équilibre, en le rendant possible, toutes les fois que le couple résultant des forces actives $Pr + FR$, est, non pas nul, mais seulement inférieur au couple opposé que la friction fait naître en agissant à la surface des tourillons. Nous nous bornons à indiquer ici cette extension du problème, sans nous y engager d'une manière plus spéciale; car nous ne voulions que faire comprendre généralement de quelle manière la friction influe dans les conditions d'équilibre, et comment elle doit être introduite dans les calculs qui expriment ces conditions.

Le Cabestan.

114. Le cabestan, fig. 91, n'est autre chose qu'un treuil dont l'axe est vertical, et dont la roue est remplacée par des leviers horizontaux AL, dont les extrémités libres sont poussées par des hommes. On l'emploie à tirer des fardeaux mobiles, par exemple, des navires vers un point fixe auquel le cabestan est attaché; ou bien encore on érige le cabestan sur le navire, et l'on hale celui-ci sur un point du rivage auquel on a attaché l'extrémité de la corde. Pour éviter d'accumuler sur l'arbre AB toute la corde qui s'y enroule, à mesure que la distance du point fixe au fardeau mobile diminue, on n'attache pas l'extrémité de la corde à l'arbre AB; mais on lui fait faire seulement quelques tours sur sa surface, après quoi un homme retire constamment à lui l'extrémité libre; de sorte que son effort d'une part, et la résistance de l'autre, serrant la corde sur l'arbre, y font naître une friction suffisante pour l'empêcher de glisser; ce qui produit le même effet que si elle y était attachée fixement. Du reste, il est évident que cette machine n'est qu'un véritable treuil, et qu'ainsi les conditions d'équilibre y sont les mêmes.

Le Plan incliné.

115. Dans le chapitre X, nous avons donné généralement les conditions de l'équilibre d'un corps solide sollicité par des forces quelconques et contraint de rester en contact avec un plan résistant. Nous allons maintenant faire une application particulière de cette méthode à l'équilibre d'un corps pesant posé sur un plan résistant incliné à l'horizon, et retenu par une force unique, qui l'empêche de glisser le long de ce plan.

11

Soit, fig. 91, ABDE le plan résistant, formant un angle i avec le plan horizontal ABHA; représentons par $abdea'b'd'e'$, le corps pesant de figure quelconque qui repose sur le plan ABDE, et que nous supposerons généralement le toucher en un certain nombre de points. L'action immédiate de la pesanteur sur toutes les particules de ce corps, se compose en une seule résultante verticale GP égale à son poids P, et appliquée à son centre de gravité G; de sorte qu'en employant cette résultante ainsi appliquée, on n'aura plus à considérer le corps que comme solide et impénétrable.

Soit M le point où s'applique la force MF ou F qui doit le retenir, et faire ainsi équilibre à la force P par l'intermédiaire du plan ABDE, supposé indéfiniment résistant.

Pour trouver les conditions de cet équilibre, choisissons sur le plan ABDE un point quelconque I dans l'intérieur de l'espace qu'embrassent les points de contact du corps; puis, appliquons en ce point deux forces auxiliaires p, π, opposées l'une à l'autre, égales entre elles, et respectivement égales et parallèles à la force P. Effectuons une opération analogue pour la force F. Ceci ne changera évidemment rien aux conditions statiques du système puisque les forces ajoutées s'entre-détruisent mutuellement deux à deux. Mais alors, au lieu des deux seules forces primitives P et F, on pourra considérer : 1°. le système des deux forces p, f, respectivement égales aux précédentes, et appliquées au point I, lesquelles se composeront en ce point en une force unique que nous représenterons par R; 2°. deux couples formés par les forces Pπ, Fφ, agissant aux extrémités des perpendiculaires menées du point I sur les directions des forces P et F, lesquels se composeront en un couple résultant unique dont le bras passera par le point I

Maintenant, la résistance du plan ABDE ne fait autre chose que développer, en chaque point de l'espace de contact, une force, dont l'intensité est à la vérité supposée sans limite, mais dont la direction doit toujours être parallèle à la normale IN, et dirigée de bas en haut dans le sens NI. Ainsi toutes les forces de ce genre se composent en une résultante unique r, qui perce aussi le plan dans l'espace de contact ; de sorte que le point I, où l'on vient de transporter les autres forces, peut être supposé celui-là même où ce phénomène a lieu. Alors, sans connaître la résultante r, et quelle que puisse être son intensité actuelle on peut la concevoir composée avec la première résultante R, ce qui donne au point I une force unique $R_{,}$, laquelle, avec le couple résultant des forces P et F, complétera tous les élémens de l'équilibre. Or, la force $R_{,}$ ne pouvant faire équilibre au couple, il faudra que l'un et l'autre soient nuls séparément, c'est-à-dire : 1°. que la force $R_{,}$ soit nulle, ce qui exige que les forces P et F, transportées à un même point de l'espace, y donnent une résultante normale au plan ABDE, et contraire à la résistance de ce plan ou dirigée dans le sens IN ; 2°. que le couple résultant des forces P et F, autour du point I, soit nul, ce qui exige que ces deux forces soient dans un même plan, passant par un des points I de l'espace de contact, et que la somme de leurs momens statiques soit nulle relativement à ce point, ce qui y fait passer leur résultante. Ainsi, en réunissant ces conditions à la précédente, il faudra en définitive que les forces P, F, soient dans un même plan ; que leur résultante soit normale au plan incliné, et qu'elle perce ce plan dans un des points de l'espace de contact, en se dirigeant de manière à presser le corps sur le plan. En effet, si cela a lieu, on pourra toujours distribuer les résistances normales de manière que leur résultante r passe par le même point de cet espace et y détruise la résultante R.

116. Ceci connu, nous pouvons simplifier la figure en coupant le plan incliné, ainsi que le corps solide, par un plan mené suivant les forces P et F; car la section ainsi formée, et qui est représentée fig. 92, contiendra toutes les forces qui doivent se faire mutuellement équilibre. Le plan de cette section contenant la force verticale P, est lui-même vertical, et passe par le centre de gravité du corps pesant. De plus, contenant les deux forces P et F, il contient leur résultante qui doit être normale au plan incliné. Ainsi, étant à la fois perpendiculaire à ce plan et au plan horizontal, il l'est à leur commune section; et il coupe l'un et l'autre suivant des droites dont l'obliquité mesure leur angle dièdre, c'est-à-dire l'inclinaison du plan oblique sur le plan horizontal, laquelle a été désignée plus haut par i.

Alors, si nous prolongeons les directions des forces MF, GP, indéfiniment jusqu'à ce qu'elles se coupent, le point O où elles se rencontreront, sera un des points de leur résultante. Il faudra donc ensuite qu'en leur appliquant le parallélogramme des forces, cette résultante se trouve perpendiculaire à la droite AD, qu'elle tombe dans l'espace de contact de la section ae, et qu'elle soit dirigée vers l'horizon. Cette construction est représentée fig. 93, et il est facile d'obtenir les conditions analytiques qui en dérivent.

En effet, puisque la composante OP est perpendiculaire à AH, et que la résultante OR doit, dans le cas de l'équilibre, être perpendiculaire à AD, il s'ensuit que, dans ce même cas, l'angle POR est égal à l'angle DAH ou à i, inclinaison de AD sur l'horizontale. Si, de plus, nous nommons a l'angle POF des deux forces ou l'angle formé par OF avec la portion de la verticale inférieure au point O, l'angle ROF sera $\alpha - i$, et ce sera aussi la valeur de l'angle ORP qui lui est égal. D'après cela, si dans le triangle POR, formé par les deux forces P, F et leur résultante inconnue R, on établit les relations trigonométriques qui lient ces diverses parties, ce seront les conditions mêmes de l'équilibre. Or, la proportion des sinus aux côtés opposés donne

$$\frac{F}{P} = \frac{\sin i}{\sin(\alpha - i)}, \qquad \frac{R}{P} = \frac{\sin \alpha}{\sin(\alpha - i)}.$$

La première exprime la relation que les deux forces F et P doivent avoir entre elles pour l'équilibre ; la seconde fait connaître l'intensité de la résultante en fonction de l'une d'elles, ou si l'on veut, aussi en fonction de l'autre, puisque leur rapport est connu.

117. Il est sensible que, pour une même intensité de la force P, la force F qui retient le corps, devra avoir des intensités inégales, selon qu'on la rendra plus ou moins oblique au plan incliné. Suivons ces variations dans la formule qui exprime le rapport de ces forces, nous en tirerons

$$(1) \qquad F = \frac{P \sin i}{\sin(\alpha - i)}, \qquad R = \frac{P \sin \alpha}{\sin(\alpha - i)}.$$

i étant l'obliquité du plan incliné sur l'horizon, nous devons la supposer constante dans l'application qui nous occupe, puisque nous considérons toujours le même plan incliné. Cela posé, pour éprouver toutes les directions possibles de F, rendons d'abord l'angle α nul, ce qui fera coïncider OF avec la verticale OP, fig. 94, puis faisons graduellement croître cet angle jusqu'à une circonférence entière ; nous aurons d'abord, α étant nul,

$$F = \frac{P \cdot \sin i}{\sin - i} = -\frac{P}{F}, \qquad R = o,$$

c'est-à-dire qu'alors la force F qui retient le corps doit être égale à son poids total, mais dirigée en sens contraire, ce qui est en effet évidemment indispensable pour l'équilibre dans cette position. En outre, nous trouvons que, dans ce cas, la résultante R est nulle; de sorte que la condition de sa direction vers l'horizon devient indifférente ou peut être supposée satisfaite, ce qui est en effet évident.

α n'étant plus nul, mais moindre que i, le dénominateur $\sin (\alpha - i)$ reste négatif. Alors les équations (1) montrent que la force F doit, pour l'équilibre, rester négative, c'est-à-dire avoir une direction contraire à celle que nous avons primitivement supposée dans les fig. 91 et 93, sur lesquelles nos formules sont établies. Cette nouvelle construction se trouve effectuée, fig. 95. Dans cette même supposition, R se trouve aussi négatif, c'est-à-dire que sa direction est également intervertie. Avec ces modifications le triangle des forces est donc possible. Cependant l'équilibre ne peut avoir lieu *physiquement* si le corps *pose sur le plan*, comme nous avons tacitement admis dans tout ce qui précède; car le signe négatif de R indique que cette résultante ne le presse pas contre le plan, *vers l'horizon*, mais au contraire le tire de bas en haut. Pour que l'équilibre fût physiquement possible avec ces valeurs, il faudrait que le corps pesant fût placé *sous le plan*; car alors la résistance de celui-ci pourrait anéantir la résultante négative R.

Ce genre de solution subsiste tant que l'angle α est moindre que i. Lorsque $\alpha = i$, la force F se dirige perpendiculairement au plan incliné, par conséquent suivant la normale même, qui doit être aussi la direction de la résultante commune des deux forces P et F. Cette dernière condition devient donc alors impossible à remplir, à moins que la force P ne soit nulle, c'est-à-dire à moins que le corps n'ait aucun poids. C'est aussi ce qu'indique l'expression générale de F; car, pour cette circonstance elle donne F infinie comparativement à P; relation qui ne peut se réaliser physiquement à moins que P ne soit nul. En effet, dans cette supposition, toute valeur quelconque donnée à F suivant la normale, dans l'espace embrassé par les points de contact, devient capable de fixer le corps non pesant sur le plan incliné.

Lorsque α surpasse i, les valeurs de P et de R deviennent positives; l'équilibre est donc possible avec la direction de forces primitivement adoptée dans la fig. 93. Comme i est supposé constant ainsi que P, la variation de F ne tient qu'au dénominateur $\sin (\alpha - i)$; et par conséquent la plus petite valeur que F puisse avoir répond à la plus grande valeur que le dénominateur puisse prendre, ce qui arrive lorsque $\alpha - i = 90°$, d'où $\sin (\alpha - i) = 1$; ce qui est la plus grande valeur *positive* que puisse prendre un sinus. Cette valeur donnant $\alpha = 90° + i$, et i étant l'angle POR, dans cette figure fondamentale, on voit qu'elle rend OF perpendiculaire à la normale OR, conséquemment parallèle au plan incliné. Cette disposition est représentée fig. 96. Dans ce cas, la valeur de la résultante R devient égale à $+ P \cos i$; ce qui est pareillement évident, puisque l'angle ORP se trouve droit, § 51.

Il y a une autre solution qui rendrait F également petite, mais négative. Ce serait le cas où l'on aurait $\sin (\alpha - i) = -1$; d'où $\alpha - i = 270°$, et par conséquent $\alpha = 270° + i$. Cette valeur de α n'est donc que la précédente augmentée de 180°, et ainsi elle place encore F sur une direction perpendiculaire à la normale OR, fig. 97, ce qui la rend toujours parallèle au plan incliné. Mais son signe négatif indique qu'alors son sens d'action doit être contraire à celui que lui attribuait la construction primitive de la fig. 93 ; et en effet, cette inversion étant opérée, reproduit absolument la même disposition statique du cas précédent. Il est bon de remarquer que cette nouvelle valeur de α, donne également pour la résultante R, une valeur positive, et la même que dans le cas précédent, c'est-à-dire $+ P \cos i$; ce qui tient à ce que α étant égal à $270° + i$, $\sin \alpha$ devient négatif et égal à $- \cos i$ en même temps que $\sin (\alpha - i)$ devient égal à $\sin - \sin i$, ce qui ne change pas le rapport de ces deux quantités.

Lorsque l'angle α surpasse $90° + i$, la force devient de nouveau oblique au plan incliné ; et, ce qui est digne de remarque, les valeurs qu'il lui faut prendre pour l'équilibre sont, à obliquité égale, les mêmes au-dessus de cette limite qu'au-dessous. En effet, comparons deux valeurs α' et α'' de l'angle α, qui offrent cette correspondance entre elles, c'est-à-dire qui soient telles que l'on ait

pour la première $\alpha' = 90° + i - x,$
pour la seconde $\alpha'' = 90° + i + x,$
on en tirera $\alpha' - i = 90° - x,$
                  $\alpha'' - i = 90° + x,$

et en substituant ces valeurs dans les expressions générales de F et de R, on aura

1ᵉʳ cas. $F = \dfrac{P \cos i}{\cos x}, \quad R = \dfrac{P \cos(i - x)}{\cos x},$

2ᵉ cas. $F = \dfrac{P \cos i}{\cos x}, \quad R = \dfrac{P \cos(i + x)}{\cos x}.$

Les intensités de la force F nécessaires pour l'équilibre seront donc les mêmes, comme nous l'avions annoncé tout à l'heure; mais les intensités de la résultante R seront différentes; et elles seront plus grandes avant qu'après le parallélisme, parce que, pour une même valeur positive de x, $\cos(i+x)$ est généralement moindre que $\cos(i-x)$.

On concevra facilement ces résultats en jetant les yeux sur les fig. 98 et 99, où l'on a réalisé les relations précédentes des forces P et F, tant en intensité qu'en direction. Il est visible que, d'après la construction même du parallélogramme des forces, la résultante OR est moindre dans le cas de la fig. 99, que dans celui de la fig. 98, les intensités absolues des forces P et F étant d'ailleurs supposées égales dans les deux cas.

Et si l'on veut concevoir la raison statique pour laquelle il en est ainsi, il n'y a qu'à opérer ici comme dans le § 44, c'est-à-dire décomposer les forces P et F, perpendiculairement et parallèlement à leur résultante commune, et les remplacer par leurs composantes prises suivant ces deux directions; c'est encore ce que représentent les figures citées. Alors on voit que la résultante est formée, dans la fig. 98, par la *somme* des composantes normales Op, Of qui agissent dans le même sens; tandis que, dans la fig. 99, elle l'est par la *différence* de ces mêmes composantes qui agissent alors en sens contraire. D'ailleurs, dans un cas comme dans l'autre, cette résultante normale est détruite par la résistance du plan AD, de sorte que l'équilibre est établi par la seule opposition des composantes parallèles à ce plan. Il faut donc que ces dernières composantes soient égales entre elles pour qu'il y ait équilibre. Or l'une, OY, est constamment égale à P cos POY, § 44, ou à P $\sin i$, et l'autre OZ, est égale à F cos FOZ ou F $\sin(x-i)$. La condition de l'équilibre doit donc être

$$F \sin (\alpha - i) = P \sin i,$$

ce qui est précisément la relation générale exprimée aussi par les équations (1), page 165.

L'expression générale de la résultante R, $\dfrac{P \sin \alpha}{\sin (\alpha - i)}$ est aussi également d'accord dans les deux constructions. En effet, en la calculant par la fig. 98, conforme à celle sur laquelle notre formule générale est établie, R est égale à la somme des composantes normales $Op + Of$, ou $P \cos i + F \cos (\alpha - i)$; et en effet, si l'on reprend notre expression générale de R, on pourra la mettre sous la forme

$$R = \frac{P \sin(\alpha - i + i)}{\sin (\alpha - i)} = P \cos i + \frac{P \sin i \cos (\alpha - i)}{\sin(\alpha - i)}$$
$$= P \cos i + F \cos(\alpha - i),$$

ce qui est précisément la même valeur.

Nous avons insisté spécialement sur ce mode de décomposition, pour faire bien voir la portion de chacune des forces P et F, qui agit dans l'équilibre, n'étant pas combattue par la résistance du plan; et il est sensible, comme nous le voyons, que cette portion active de chaque force ne peut être que sa composante parallèle au plan incliné.

Il nous reste peu de chose à dire, pour achever la discussion complète des formules (1) : il suffit de suivre les valeurs successives qui se trouvent données à F et à R, par les valeurs particulières de α, que l'on veut employer. Nous ferons seulement remarquer, comme limite, le cas où l'angle α devient égal à 180°, ce qui rend la force OF verticale, comme l'action du poids P lui-même, fig. 100. Alors nos formules générales donnent

$$F = \frac{P \sin i}{\sin (180^\circ - i)} = P, \qquad R = 0,$$

c'est-à-dire que la force F doit être totalement égale au poids P, qu'elle soutient ainsi tout entier à elle seule, sans que la résistance du plan y contribue en aucune manière ; et c'est pourquoi la valeur de R, qui exprime généralement la pression que le plan supporte, se trouve alors égale à zéro.

D'après tout ce qui précède, on voit que l'effet du plan incliné, dans l'équilibre des corps pesans, consiste à supporter la portion de leur poids, qui est représentée par la composante normale au plan, et de diminuer ainsi leur effort pour descendre le long du plan, en le réduisant à la seule composante qui lui est parallèle ; d'où il suit que, plus l'angle i du plan avec l'horizon est petit, plus cette dernière composante s'affaiblit, et plus en conséquence le poids peut être facilement retenu contre l'effort oblique de la pesanteur. L'inclinaison du plan offre donc le moyen de retenir ainsi des corps pesans sur sa surface, et même de les y faire monter contre l'effort de la pesanteur, en n'employant pour cela qu'une force moindre que leur poids, et d'autant moindre que l'inclinaison i est plus petite. Mais aussi, plus la puissance dont on dispose aura d'avantage par cette circonstance, plus il faudra qu'elle traîne le corps sur un long espace pour l'élever verticalement d'une égale quantité ; ce qui produit ainsi une compensation entre la faiblesse du moteur que la machine permet d'employer et la prolongation qu'il faut donner à son action pour faire monter un même poids d'une hauteur égale ; résultat pareil à celui que le levier nous avait déjà offert et qui a également lieu dans tous les modes possibles de transmission du mouvement.

Dans tout ce qui précède, nous avons supposé que le plan incliné n'offrait au corps posé sur sa surface que des résistances normales. Mais, dans la réalité physique, la seule pression exercée par un corps contre un plan, fait naître à leur surface mutuelle de contact un frottement qui s'oppose avec une certaine énergie à tout mouvement longitudinal, soit descensionnel, soit ascensionnel; de sorte que, par l'intervention de cette circonstance, l'équilibre peut avoir lieu sans que la somme des composantes parallèles au plan incliné soit complètement nulle. Il suffit qu'elle soit moindre que la résistance longitudinale opposée par le frottement mutuel des surfaces en contact, quel que soit d'ailleurs le sens dans lequel cette résistance doive s'exercer.

Il nous reste aussi un mot à ajouter sur le développement des résistances normales. Si le corps ne touche le plan qu'en un seul point, c'est évidemment en ce seul point que peut s'exercer la résistance, et que doit passer la résultante R des forces actives qui sollicitent le corps: s'il y a deux points de contact, il n'y a qu'à répartir la résultante R entre ces deux points, par le principe ordinaire de la décomposition des forces parallèles, § 30, et l'on aura les résistances qui doivent s'engendrer en ces mêmes points pour la détruire. Lorsqu'il y a trois points de contact, cette répartition est encore facile. Car, si l'on joint ces trois points par des droites qui limitent l'espace dans lequel la résultante R perce le plan de contact, on peut d'abord lui substituer deux composantes, dont l'une s'applique à un des sommets de ce triangle, et l'autre au point de la base qui se trouve opposé sur la même ligne droite; après quoi cette seconde composante peut être répartie, comme tout à l'heure, entre les deux autres sommets. Mais, si l'on suppose plus de trois points de contact, la décomposition de la résultante R, et sa répartition, peuvent s'effectuer d'une infinité de manières, toutes également admissibles; de sorte que la détermination individuelle des résistances devient indéterminée, du moins lorsque l'on suppose, comme nous l'avons fait, le plan et le corps complètement rigides, ce qui, au reste, n'a jamais lieu dans la nature.

La Vis.

118. La machine appelée *Vis*, n'est autre chose qu'un plan incliné, tournant en spirale autour d'un axe rectiligne : c'est ce que l'on comprendra aisément, d'après sa génération.

Soit AB A'B', fig. 101, un cylindre vertical droit, à base circulaire, dont le rayon soit r, et la hauteur quelconque. Par les centres C, C', de ses bases, menez deux diamètres AB, A'B', parallèles entre eux, et prolongez les hors du cylindre d'une quantité égale au développement des bases ou à $2\pi r$, π représentant le rapport de la circonférence au diamètre, ou le nombre $3,1415927$. Si l'on joint les points extrêmes de ces prolongemens par une ligne droite HH', ce sera la hauteur du cylindre. Divisez-la en un certain nombre de parties égales, dont h soit la longueur commune; et, prenant les mêmes divisions sur l'arête BB', menez autant de parallèles M_1m_1, M_2m_2.... à la base BH. Enfin, menez aussi les diagonales BM_1, m_1M_2, m_2M_3.... de chaque division de BB', à celle de HH', qui lui est immédiatement supérieure. Toutes ces diagonales seront évidemment parallèles entre elles; et leur inclinaison commune sur l'horizontale BH étant désignée par i, on aura pour toutes

$$\tan g\, i = \frac{M_1H}{BH} = \frac{h}{2\pi r};$$

de sorte que l'inclinaison i sera connue.

D'après cette construction, le plan rectangulaire BH H'B', est le développement de la surface latérale du cylindre. Si on l'enroule sur cette surface en le faisant tourner autour de l'arête BB', chacune des diagonales BM_1, m_1M_2, m_2M_3... se pliera pour s'appliquer sur lui aussi bien que la base BH; et cette rotation ne changera rien ni à l'horizontalité de BH, ni à l'inclinaison des élémens obliques des diagonales sur cette base. Mais BH étant égal à $2\pi r$, ou au développement de la circonférence du cercle du rayon r, il est clair que chaque diagonale dont ce développement est la projection horizontale, fera, comme BH, un tour entier sur la surface du cylindre; c'est-à-dire que le point M_1, après l'enroulement, rejoindra m_1; de même M_2, rejoindra m_2; M_3 rejoindra m_3, et ainsi de suite; de sorte que le système de toutes les diagonales, ainsi enroulées, formera sur la surface du cylindre une courbe continue, dont chaque élément fera avec sa projection horizontale, un angle constant i. Une telle courbe s'appelle *une hélice*, et elle constitue réellement une ligne inclinée courbe, formant avec l'horizon un angle i. Conséquemment, si l'on suppose qu'un point matériel pesant M, y soit posé et abandonné à lui-même, il devra descendre le long de l'hélice, par l'effort de la pesanteur; et, si son poids est P et qu'on veuille le retenir par l'opposition d'une force MF ou F, dirigée dans le plan vertical de l'élément curviligne, sur lequel le poids P repose, en supposant que cette force forme un angle a, avec la verticale, la condition de l'équilibre sera, comme dans le § 116,

$$(1) \qquad F = \frac{P \sin i}{\sin(a - i)}, \qquad R = \frac{P \sin a}{\sin(a - i)}.$$

La valeur de R représente la pression normale,

exercée sur l'hélice par la résultante des deux forces P et F. Il faut de plus se rappeler que l'angle i est donné en fonction du contour du cylindre et de la hauteur des divisions de l'axe, que l'on appelle le *pas de l'hélice*, au moyen de la formule

$$\text{tang } i = \frac{h}{2\pi r}.$$

119. Dans les usages pratiques, la direction de la force F est ordinairement horizontale. Nous nous bornerons en conséquence à considérer spécialement ce cas. Alors l'angle a devient égal à 90°, ce qui donne

$$(a) \qquad F = P.\text{tang } i = \frac{Ph}{2\pi r}, \quad R = \frac{P}{\cos i}.$$

Résultats dont l'évidence peut être aisément vérifiée d'une manière immédiate, sur la figure 102.

En outre, la force ou puissance dont on dispose ne se trouve jamais appliquée immédiatement au point M de l'hélice, fig. 101. On la fait presque toujours agir sur ce point par l'intermédiaire d'un levier LO, dont le point d'appui est placé en O, sur l'axe du cylindre, la puissance f étant appliquée horizontalement à l'extrémité L. Pour effectuer cette transformation, il n'y a qu'à placer d'abord au point O de l'axe deux forces auxiliaires f, φ, de directions contraires, égales entre elles, et de plus égales ainsi que parallèles à la force F. Alors, au lieu de celle-ci, on pourra considérer, 1°. son égale f ou F, appliquée au point O de l'axe; 2°. le couple formé par les forces F, φ, appliquées perpendiculairement au bras r, ou, ce qui revient au même, le couple formé par les forces Fr appliquées à l'unité de longueur. Maintenant, si l'on veut remplacer ce dernier couple par un autre équivalent formé sur le bras LO ou l, il n'y a

qu'à représenter par F′ les forces qui doivent cons-
tituer celui-ci, et la condition de l'égalité des momens
statiques, § 88, donnera évidemment

$$Fr = F'l, \quad \text{d'où} \quad F = \frac{F'l}{r}.$$

Cette expression doit donc être substituée au lieu de F,
dans les formules (2). En tirant la valeur de F′, on
trouve que le rayon r du cylindre disparaît et il reste

$$F' = \frac{Ph}{2\pi l},$$

c'est-à-dire que la puissance horizontale F′ est au poids
vertical P qu'elle doit retenir, comme la hauteur h du
pas de la vis est à la circonférence $2\pi l$ que la puissance
F′ tend à décrire. Cette condition définitive est donc la
même que si le poids P était posé sur une hélice de
même pas que l'hélice primitive, mais décrite sur un
cylindre du rayon l; ou encore, sur une hélice dont
l'inclinaison à l'horizon aurait pour tangente $\dfrac{h}{2\pi l}$ au
lieu de $\dfrac{h}{2\pi r}$. Il est visible, en outre, que l'axe du cylindre se trouve poussé en O par une force horizon-
tale F, égale à $\dfrac{Ph}{2\pi r}$, ou P tang i, laquelle est d'autant
plus énergique que l'hélice s'élève plus rapidement.

120. Maintenant concevons un triangle quelconque
abc, fig. 163, dont la base ab soit égale à la hauteur h
des pas de l'hélice; et plaçons le verticalement dans un
plan mené par l'axe du cylindre, de manière que sa base
ab coïncide avec une des arètes génératrices. Puis faisons
tourner le plan diamétral avec le triangle autour du cylindre de la fig. 101, en assujettissant les points a et b à

monter sur sa surface suivant l'hélice décrite par les diagonales BM_1, M_1M_2, M_2M_3....., etc. Dans ce mouvement, tous les points du triangle décriront évidemment des hélices de pas égal, qui pourront être considérées comme tracées sur autant de cylindres de différens diamètres, ayant tous CC' pour axe. Cette construction engendrera l'espèce de surface courbe que l'on appelle *une vis triangulaire*, fig. 104, et le triangle générateur en est ce que l'on appelle *le filet*. Quelquefois ce triangle est remplacé par un rectangle *abde*, fig. 105, situé de même dans un plan diamétral, et mu de la même manière. La surface ainsi engendrée s'appelle alors une *vis rectangulaire*, fig. 106 : généralement sa dénomination est établie d'après la forme du filet générateur.

Au lieu du cylindre plein $ACBA'C'B'$, fig. 101, concevons un cylindre creux de même diamètre intérieur, qui lui soit concentrique : puis, ayant placé le filet générateur autour de $ACBA'C'B'$, pour lui faire engendrer la vis, supposons qu'en même temps ce filet creuse sa trace dans le cylindre plein extérieur. Il y formera une empreinte qui offrira en creux la même surface que la vis offre en relief. Cette surface enveloppante est ce que l'on nomme *l'écrou*. Nous en verrons tout à l'heure les usages; pour le moment, nous nous bornerons à dire qu'en général on donne à l'écrou une hauteur totale moindre qu'à la vis, qu'il enveloppe seulement dans un petit nombre de tours, comme on le voit en EE, fig. 104 et 106. Alors, on peut faire parcourir à l'écrou toute la longueur de la vis, en le faisant tourner autour de son axe; et il monte ainsi, ou descend, selon qu'on le tourne dans le sens qui lui fait décrire l'hélice en montant ou en descendant sur elle.

121. Maintenant, laissant toujours la vis verticale, concevons que la matière de l'écrou soit pesante, et

ajoutons-y même un poids additionnel également vertical. Le poids total, que nous exprimons par P, se répartira sur tous les points de contact par lesquels la surface
creuse de l'écrou repose sur la surface saillante des filets ;
et ainsi, chaque élément superficiel des filets se trouvera
pressé verticalement par une petite force p qui représentera la portion correspondante du poids total P. Conséquemment, si l'on veut faire équilibre à ce poids partiel à
l'aide d'une force horizontale appliquée à l'extrémité
d'un levier de la longueur l, l'intensité de cette force ou
puissance devra, d'après ce qui précède, être égale à
$\dfrac{ph}{2\pi l}$, h étant la hauteur du pas de l'hélice génératrice.
Or, cette hauteur est la même pour tous les points de
la surface des filets saillans ou creux ; ainsi, en supposant tous les poids partiels retenus par autant de bras
de levier de la longueur l, l'expression de la puissance
propre à chacun d'eux conservera toujours le rapport
$\dfrac{h}{2\pi l}$ comme facteur constant. Mais l'écrou étant solide,
l'effort de chacune de ces puissances pour le faire tourner restera le même, quel que soit le point de son contour où l'on insère le levier, pourvu que la longueur du
bras demeure la même, ainsi que l'intensité de la puissance et la direction relative de son action sur le contour
du cylindre. Transportant donc ainsi tous les leviers partiels sur une même ligne diamétrale, les forces ou puissances horizontales, qui les sollicitent perpendiculairement, se réuniront en une seule résultante égale à leur
somme, c'est-à-dire à la somme de toutes les quantités $\dfrac{ph}{2\pi l}$,
laquelle deviendra ainsi $\dfrac{Ph}{2\pi l}$, P étant le poids total de
l'écrou et de la charge verticale qui y est ajoutée.

Nous venons de supposer la vis fixe, et l'écrou libre de se mouvoir autour d'elle. Si l'on voulait supposer au contraire l'écrou fixe et la vis mobile, avec l'addition d'une force qui la solliciterait dans le sens de son axe, les relations de cette force à la puissance horizontale, nécessaire pour lui faire équilibre, seraient exactement les mêmes. C'est ce qu'il est aisé de vérifier, en reprenant la même série de raisonnemens pour cette nouvelle hypothèse. Mais on peut le conclure immédiatement de ce que les surfaces de l'écrou et de la vis étant en contact continu et complet, toute force qui sollicite les élémens d'une de ces surfaces, se transmet aussitôt à chaque élément contigu de l'autre sans rien perdre de son intensité, et s'y décompose de la même manière; d'où il suit que les composantes détruites par la résistance de la surface fixe, et les composantes que la puissance doit équilibrer, sont les mêmes dans les deux cas, seulement avec des directions absolues contraires dans l'espace.

122. On voit, par ce qui précède, qu'une force médiocre F′ appliquée à l'extrémité du levier l, peut exercer, dans le sens de l'axe de la vis, un effort P très considérable; d'autant plus considérable que le levier est plus long, et la hauteur du pas de vis moindre. Cette propriété rend la vis d'une utilité continuelle dans les arts mécaniques.

Par exemple, veut-on presser avec beaucoup de force des corps mous, tels que des papiers, des linges ou des plantes? On construit avec des pièces de bois un châssis solide ABSS, fig. 107, dans lequel AB représente une table épaisse capable d'une grande résistance. TT est une autre table pareille, mais mobile verticalement entre les supports SA, SB. La pièce supérieure SS est une barre épaisse, percée en son milieu d'un écrou qui se trouve ainsi faire corps avec les supports. Dans cet écrou entre une vis OV dont la tête O, terminée par un tourillon métallique t, tourne librement dans un trou percé sur la planche mobile TT.

Maintenant, si l'on fait tourner la vis autour de son axe par le moyen d'une force ou puissance horizontale, appliquée perpendiculairement à l'extrémité du levier OL, il est clair que, selon le sens de cette rotation, la vis montera ou descendra dans son écrou, en entraînant ou poussant la table mobile TT. Donc, dans ce dernier cas, s'il existe des corps compressibles dans l'espace ABTT, la force F', appliquée au levier l, produira sur eux une pression P dont la relation avec F' sera, comme tout à l'heure,

$$F' = \frac{Ph}{2\pi l}, \quad \text{d'où} \quad P = \frac{2\pi F' l}{h}.$$

Si la longueur l du bras de levier est très grande par rapport à la hauteur h du pas de la vis, la pression ainsi exercée par une force médiocre F', pourra devenir énorme. Les presses d'imprimerie, les balanciers qui servent à frapper les monnaies, et une foule d'autres applications mécaniques sont fondées sur ce procédé.

123. Mais la vis accompagnée de son écrou, a encore un autre genre d'utilité dont nous n'avons pas dû parler jusqu'ici, parce qu'il est fondé sur l'adhérence physique qui s'établit entre les surfaces en contact de l'écrou, de la vis et des corps auxquels on les applique, lorsqu'on les serre fortement. Par exemple, veut-on fixer l'une à l'autre deux pièces de bois ou de métal, A, B, fig. 108? On les perce toutes deux d'un trou circulaire, dans lequel on fait passer la pièce métallique VV' appelée

boulon, dont la partie située vers V, est un cylindre à tête plus large que le trou, et l'extrémité V' est travaillée en forme de vis. Après que cette extrémité est sortie de B, on y place l'écrou par le bout V'; puis on le tourne à la main jusqu'à ce qu'il arrive au contact de la pièce B, en ayant soin de maintenir la tête V fixe, pour que le boulon ne tourne point sous le frottement de l'écrou. Quand la tête V, ainsi que l'écrou E, sont arrivés au contact avec A et B, on continue de faire marcher l'écrou autant que possible, en le tournant par force avec la pièce CC', qui est un véritable levier et que l'on appelle une *clef*. L'effort F' ainsi exercé sur l'écrou, produit dans le sens de l'axe de la vis une pression énergique P qui comprime momentanément les pièces A et B et les serre l'une contre l'autre. A la vérité, lorsque l'on cesse de tourner le levier, la réaction élastique des deux pièces reproduit le même effort P en sens contraire; c'est-à-dire qu'elle tend à faire glisser obliquement les filets de l'écrou sur le plan incliné que forment les filets de la vis avec lesquels ils sont en contact, ce qui aurait pour effet de détourner l'écrou et de détruire le serrage. Mais la friction qui s'est établie sous la pression P, entre les surfaces des filets de l'écrou et du boulon, jointe à celle qui s'opère également entre la surface plate de la tête de l'écrou et la pièce B, s'opposent à ce que l'écrou se tourne et empêche l'écart des deux pièces, qui demeurent ainsi fixées, l'une à l'autre avec beaucoup d'énergie.

124. Dans cette opération, l'écrou est mobile et la vis fixe; mais on peut également employer la disposition inverse, comme on le voit fig. 109. Pour cela, on commence par percer la pièce A d'un trou cylindrique qui traverse toute son épaisseur, et qui est destiné à laisser passer le boulon VV'. On prolonge ce trou

dans une partie de l'épaisseur de B, du côté de la face
bc, qui doit être en contact avec A, et l'on donne à
ce prolongement assez de profondeur pour que le boulon VV' puisse se loger tout entier dans les deux pièces.
Il ne reste plus qu'à fixer l'écrou EE dans la pièce B;
pour cela on agrandit carrément le trou cylindrique
fait dans cette pièce, de manière à lui donner précisément la largeur nécessaire pour recevoir l'écrou à une
certaine profondeur, en conservant son axe dans l'axe
du cylindre. Au-delà de cette profondeur, on laisse au
trou cylindrique ses premières dimensions. Quand
l'écrou est logé dans l'ouverture carrée ainsi pratiquée
pour le recevoir, on l'y retient en la bouchant au dehors,
par l'introduction d'un morceau de bois ou de métal
de même dimension, que l'on y fait entrer par force,
en pratiquant ou réservant à son centre le trou cylindrique nécessaire pour laisser passer le boulon. Cela
fait, on replace les pièces A et B l'une contre l'autre,
et l'on introduit le boulon VV' par la première, jusqu'à ce qu'il rencontre l'écrou EE; alors on l'y engage en le tournant, d'abord à la main, en retenant
les pièces A et B. Mais lorsqu'il est assez enfoncé pour
que sa tête V touche la pièce A et y fasse naître une
friction qui rend ce mouvement plus difficile, on le
continue en agissant sur la tête V de l'écrou par le
moyen d'une clef qui s'y emboîte parfaitement, ce qui
donne ainsi à la main l'avantage du levier. On oblige
ainsi les filets du boulon en V' à s'engager de plus en
plus dans l'écrou, et à le traverser totalement, en pro-
duisant une pression P très énergique dans le sens de
l'axe, ce qui serre fortement les pièces A et B l'une
contre l'autre. Quand on cesse d'agir ainsi sur la tête V
du boulon, c'est le frottement de cette tête contre la
pièce A, aussi bien que celui des filets de l'écrou et

de la vis entre leurs mutuelles surfaces, qui empêchent la réaction élastique des deux pièces de détourner le boulon et de détruire le serrage. La vis employée de cette manière s'appelle *boulon à écrou perdu*.

125. Lorsque la pièce A n'a que peu d'épaisseur, par exemple, lorsque l'on veut fixer une simple planche de bois ou une plaque métallique sur la pièce B, on creuse l'écrou dans le corps même de cette pièce; et si elle est en bois, on fait cette opération avec la vis même. Alors on emploie la vis à filets triangulaires, représentée plus haut, fig. 104, et que l'on appelle *vis à bois*. On leur donne un filet très mince et un peu coupant, pour qu'elles puissent creuser plus aisément leur place; par le même motif, on leur donne une forme légèrement conique; enfin, leurs filets sont très espacés, pour que l'assemblage des fibres du bois comprises entre deux filets consécutifs, ait assez de consistance pour résister à l'effort que la réaction élastique des deux pièces fait pour les briser. Quant à la manière d'en faire usage, il suffit de pratiquer dans la pièce B, fig. 110, un trou cylindrique d'un diamètre plus petit que le diamètre de la vis, y compris son filet. On le fait correspondre à un autre trou d'un plus grand diamètre, qui traverse A de part en part. Cela fait, on engage l'extrémité de la vis dans la pièce B; puis, au moyen d'un instrument TL, nommé *tournevis*, que l'on tient à la main, et qui s'insère dans la tête de la vis, on force celle-ci à tourner et à creuser sa trace dans la pièce B. D'après la définition que nous avons donnée de l'écrou, on voit que, dans ce cas, la pièce B devient un véritable écrou; et l'effet produit par la rotation de la vis sur son axe sera encore, comme dans le cas du boulon à écrou perdu, de rapprocher la pièce A de B. Si le bois de cette dernière est d'une

nature compacte, on peut fixer très solidement la pièce A de cette manière.

126. On emploie encore les vis à écrou stationnaires, lorsque la pièce B est elle-même métallique; mais alors la dureté du métal ne permet plus de leur faire creuser leur écrou elles-mêmes. Dans ce cas, on commence encore par pratiquer dans la pièce B, au moyen d'un *foret,* un trou cylindrique d'un diamètre un peu plus grand que le diamètre intérieur de la vis. Puis on y introduit une vis conique de même pas en acier, dont les filets ont été échancrés à la lime, de distance en distance, et ensuite trempés fortement. Cette vis, ainsi disposée, se nomme un *taraud.* Il est facile de se rendre raison de la disposition des entailles pratiquées dans ses filets. Elle a pour but de mettre à nu ces filets, précisément dans la position que nous avons donnée, § 120, au filet générateur pour décrire la vis et l'écrou; de plus, elle les rend assez coupans pour qu'ils puissent creuser leur trace dans le trou cylindrique et enlever toute la portion du métal qui s'oppose à l'entrée du taraud dans ce trou. Pour vaincre la résistance qu'offre la cohésion des molécules du métal, on introduit la tête du taraud dans un trou percé au centre d'un levier à bras très longs, nommé *tourne-à-gauche;* puis, en appuyant fortement sur les bras de ce levier et les faisant tourner alternativement à droite et à gauche, on force le taraud à tracer d'abord une hélice sur la surface intérieure du trou cylindrique. En répétant la même manœuvre et engageant de plus en plus le taraud dans le cylindre creux, on approfondit successivement cette première trace, et l'on parvient enfin à reproduire en creux, dans la pièce B, le même filet que celui du taraud. Or, comme nous avons supposé que ce filet était le même que celui de la vis que l'on veut employer, il s'ensuit que la

pièce B peut servir d'écrou à cette vis. Par conséquent,
si la pièce A est percée d'un trou assez grand pour que
la partie cylindrique de la vis puisse y passer librement,
on peut en engageant le filet de celle-ci dans le filet creux
de B, et ensuite la tournant autant que possible, faire
adhérer les deux pièces métalliques A et B.

Cette dernière manière d'employer la vis est très usitée
dans les ateliers militaires : on s'en sert, par exemple,
pour fixer sur les platines des armes à feu toutes les
pièces détachées de la batterie, telles que le chien, les
ressorts, la noix, etc. Il est bon de remarquer que, dans
ces opérations, l'effort exercé par le tournevis sur la
tête de la vis, pour la faire tourner, produit précisément l'effet d'un couple dont l'action sur l'axe de la
vis est nulle ; au lieu que, lorsque l'on tourne la vis ou
son écrou, à l'aide d'une clef, comme dans les § 123
et 124, l'effort exercé sur l'extrémité de cette clef se
transmet tout entier à l'axe, comme on le voit aisément par la transformation employée dans le n° 122.
Ce second mode d'action exige donc que l'on soutienne
les pièces mobiles contre cet effort ; et il pourrait, en
outre, casser la vis, s'il n'était pas convenablement
modéré.

Les Cordes.

127. Les cordes, telles qu'on les emploie dans tous les
arts mécaniques, sont formées par l'assemblage de fibres
végétales réunies ensemble par la torsion. Or, la fibre
la plus fine du lin ou du chanvre n'est jamais complètement flexible, et elle acquiert encore plus de raideur
lorsque plusieurs de ces brins sont tordus ensemble
pour former des fils, puis ces fils réunis en grand nombre
et tordus ensemble de nouveau pour former des cordes.
Alors un pareil système ne se laisse pas plier dans tous

les sens sans résistance, et il résiste d'autant plus qu'il est plus gros.

Cette propriété a une telle influence dans les usages pratiques des cordes, surtout de celles qui ont un fort diamètre et que l'on appelle des *câbles*, que l'on doit toujours considérer une grande partie de la force dont on dispose comme employée uniquement à vaincre la résistance qui en résulte ; mais la considération de cette résistance, dans les problèmes de Statique où l'on emploie des cordes, les complique excessivement, et surtout beaucoup plus qu'il ne nous est permis de le faire ici. C'est pourquoi nous nous bornerons à considérer les cordes comme de simples fils ou lignes mathématiques sans épaisseur, parfaitement flexibles dans le sens transversal, et tout-à-fait inextensibles dans le sens longitudinal. Les résultats auxquels nous parviendrons dans cette hypothèse, seront utiles comme offrant la limite abstraite de ceux que l'on peut considérer dans la pratique ; et ce sont d'ailleurs les seuls que la Statique élémentaire puisse atteindre.

128. Lorsqu'un nombre quelconque de forces appliquées en divers points d'une corde se font mutuellement équilibre, il y aura deux cas à considérer : 1°. celui où la corde est tout-à-fait libre dans l'espace, et seulement soumise à l'influence des forces qui agissent sur elle ; 2°. celui où ses mouvemens sont gênés par quelque obstacle fixe, dont la résistance l'arrête dans certain sens, et contribue ainsi à l'équilibre par la destruction de force qu'il peut opérer. Nous allons traiter successivement ces deux genres de questions.

129. Le cas le plus simple de l'équilibre d'une corde libre, est celui où elle est tirée en sens contraire par deux forces d'intensités égales, opposées en direction, telles que les représente la fig. 111.

Pour bien concevoir, dans cette disposition, comment les forces AP, BQ se combattent par l'intermédiaire du cordon inextensible AB qui unit leurs points d'application, il faut décomposer par la pensée ce cordon en une infinité de parties très petites, représentant les élémens matériels ou groupes de particules qui forment le fil, et qui sont retenus ensemble par leur attraction mutuelle, la même qui constitue tous les corps. Alors, pour représenter à la fois l'inextensibilité du fil et sa parfaite flexibilité, il faudra considérer chacun de ces élémens matériels comme une petite verge rigide pouvant tourner avec une liberté parfaite autour de ses points de jonction avec les élémens analogues qui l'avoisinent, sans pouvoir, en aucune manière, s'en séparer. Cela posé, si l'on examine l'état statique de l'élément Aa, qui est le premier vers le bout libre A de la corde auquel la force AP ou P est appliquée, on pourra, sans troubler cet état, appliquer à ses deux extrémités A, a, deux forces contraires, agissant suivant la direction de la corde, et de plus égales entre elles et à la force P. Celle de ces forces auxiliaires qui sera opposée à la force AP la détruira; ainsi il ne restera à considérer que l'autre force auxiliaire égale à AP, et agissant dans le même sens à l'extrémité a du premier élément matériel. Cette force auxiliaire se transmet par contact à l'élément suivant où on la transporte au troisième de la même manière, et ainsi de suite jusqu'au dernier élément situé en B, où elle se trouve immédiatement détruite par BQ qui lui est égale et directement contraire.

C'est précisément de la même manière qu'il faut concevoir dans les verges rigides la transmission des forces appliquées à un point quelconque de leur masse, et dirigées suivant leur longueur. Mais il y a cette différence entre les verges et les cordes, que, dans les verges, les élémens matériels résistent à toute force latérale qui tendrait à les faire tourner autour de leurs points de contact successifs, et à changer ainsi la courbure de la verge; au lieu que, dans les cordes supposées parfaitement flexibles, la plus petite force latérale peut y produire une pareille inflexion. Et de là résulte qu'une verge rigide droite reste en équilibre lorsqu'elle est sollicitée à ses extrémités par deux forces égales et directement contraires, qui agissent dans le sens de sa longueur *quel que soit le sens absolu de l'action de ces forces;* c'est-à-dire soit qu'elles fassent effort pour allonger la verge, comme dans la fig. 111, soit qu'elles tendent au contraire à la contracter, comme dans la fig 112. Mais le premier cas d'équilibre seul peut être réalisé, au moins physiquement, dans les cordes. Car, si les deux forces égales et contraires AP, BQ, se trouvaient dirigées de manière à diminuer la longueur, comme dans la fig. 112, l'inextensibilité attribuée à la corde ne lui donnerait pas la faculté de résister à cet effort; et elle fléchirait sous l'influence des deux forces jusqu'à ce que les deux points A et B vinssent se joindre et se mettre en équilibre au contact. Il est vrai que, dans le cas idéal d'une opposition complète des forces, et d'une direction de la corde primitivement rectiligne, on pourrait concevoir l'équilibre comme mathématiquement possible en vertu de l'incompressibilité des élémens matériels dont la corde est composée; mais ce cas n'aurait jamais de réalité dans la nature, où cette supposition d'une corde rigoureusement droite ne saurait jamais être admise. Or, la plus petite déviation de cette rigueur idéale suffirait pour que la corde se fléchît. On exprime cette particularité, dans le langage mathématique, en disant que, dans le cas de la fig. 111, l'équilibre de la corde est *stable*, tandis qu'il est *instable*, et même physiquement inadmissible, dans le cas de la fig. 112.

130. Ces notions préliminaires étant établies, concevons un point matériel M, fig. 113, auquel soient attachés fixement trois cordons MA, MB, MC, et qui soit tiré suivant ces cordons par trois forces AP, BQ, CR, ou P, Q, R, appliquées à leurs extrémités libres : on demande les conditions d'équilibre de ce point.

D'abord la force AP ou P agissant en A suivant la direction même du cordon MA, transmet en M une force de traction précisément égale et dirigée dans le même sens. On en peut dire autant des forces BQ, CR ou Q et R, suivant leurs directions respectives. Le point M se trouvant ainsi sollicité simultanément par les trois forces P, Q, R, que les cordons lui transmettent, il sera facile de trouver les conditions de son équilibre. Car d'abord, deux quelconques des forces, P et Q, par exemple, peuvent être composées en une seule située dans leur plan. Si nous appelons R' cette résultante, il faudra qu'elle se trouve égale et directement contraire à la troisième force R, ce qui exige que celle-ci se trouve dans le plan des deux premières. Donc, en résumé, pour que le point M soit en équilibre, il faudra : 1°. que les trois cordons qui le tirent soient dans un même plan; 2°. que chacune des forces appliquées suivant ces cordons soit égale et directement contraire à la résultante des deux autres, ce qui exige que leurs intensités soient entre elles comme les sinus des angles opposés, § 41.

131. Concevons maintenant que, sur une corde flexible et inextensible, d'une longueur finie, AB, fig. 114, on ait pris entre les deux extrémités A et B, un nombre quelconque de points intermédiaires $N_1, N_2, N_3 \ldots$ à chacun

desquels, comme à autant de nœuds fixes sur la corde, on ait appliqué des forces AF, N_1F_1, N_2F_2, ... dirigées arbitrairement dans l'espace, et représentées tant en intensité qu'en direction par les droites que nous venons de désigner. On demande les relations qui doivent exister entre les intensités et les directions de ces forces, pour que le système reste en équilibre de lui-même.

Cette question, en apparence très compliquée, se résout aussi simplement que la précédente, en considérant que chaque point de la corde, et même de tout corps quelconque en équilibre, est généralement soumis à deux genres de forces, dont les unes sont celles qui lui sont particulièrement appliquées et les autres sont celles qui lui sont transmises des autres points du système, par l'intermédiaire des cordons ou des verges qui le lient à ces points. Ainsi dans le cas présent, par exemple, le nœud N_2 est sollicité immédiatement par la force F_2, qui s'y applique ; et en outre il peut l'être encore indirectement par les tractions que les autres forces, appliquées en divers points de la corde, peuvent exercer sur lui à l'aide des cordons adjacens N_2N_1, N_2N_3. Mais ces cordons étant l'unique intermédiaire matériel par lequel le nœud N_2 communique avec les points du système auxquels les autres forces s'appliquent, aucune action de la part de ces forces ne peut être transmise sur lui, que suivant leur direction rectiligne N_2N_1, N_2N_3. Ainsi, quelles que puissent être les tensions de ces cordons, l'équilibre du nœud N_2 sera uniquement déterminé par leur influence, combinée avec celle de la force F_2 qui lui est spécialement appliquée.

Cette force et les deux tensions devront donc satisfaire aux relations d'équilibre d'un point isolé ; c'est-à-dire que leurs trois directions devront être dans un même plan, et que l'une quelconque d'entre elles devra être égale et directement contraire à la résultante des deux autres. L'équilibre de tous les autres nœuds sera assujetti à des conditions analogues, entre les tensions des deux cordons qui y aboutissent et les forces qui y sont appliquées spécialement.

Le même principe donnera aussi les conditions d'équilibre des cordons eux-mêmes. Car, si l'on considère un quelconque M des points qui les composent, et auxquels nous ne supposons aucune force spécialement appliquée, l'équilibre de ce point ne pourra résulter que de l'équilibre des forces qui lui sont transmises du reste du système suivant les deux portions de cordons par lesquels il communique avec eux. Il faudra donc que les tensions de ces deux portions, qui sont déjà dirigées sur la même ligne droite, soient contraires et égales entre elles, pour que le point où elles se joignent reste en équilibre entre leurs efforts.

Enfin, le même principe de transmission des forces donne encore les conditions d'équilibre particulières aux points extrêmes A et B de la corde. Nous disons particulières, parce qu'elles ne sont qu'une modification de la condition générale que nous venons d'établir pour les nœuds intermédiaires. En effet, considérons, par exemple, l'extrémité A à laquelle s'applique la force AF. Le point A se trouve sollicité par cette force et par l'action indirecte que les autres forces $F_1, F_2 \ldots\ldots F_n$, exercent sur lui en tirant le cordon AN_1. Or, la tension ainsi opérée sur ce cordon est nécessairement dirigée suivant sa longueur, puisqu'il est supposé en équilibre. Donc, pour que le point A soit aussi en équilibre, il faudra que la force extrême AF soit dirigée suivant le prolongement du cordon AN_1, et qu'elle soit égale et de sens contraire à la tension que le cordon éprouve par la réaction de toutes les autres forces $F_1, F_2, \ldots\ldots F_n$.

Dans tout ceci, nous avons considéré les points A, N,, N,,.....B, comme sollicités chacun par une force extérieure unique. Il est évident que cette supposition ne limite en rien la généralité du problème; car, si plusieurs forces étaient appliquées à chacun de ces points, on pourrait toujours les composer, à chaque point, en une seule résultante qui représenterait les forces F, F,,....F,, que nous venons de considérer.

Ces deux résultats, c'est-à-dire l'équilibre partiel de chaque nœud, et l'équilibre partiel de chaque cordon, déterminent toutes les particularités de direction, et de forme et de tension du polygone funiculaire en équilibre, représenté fig. 114.

132. En effet, ils suffisent d'abord pour le construire et pour déterminer la direction de toutes ses parties, lorsque l'on donne les directions ainsi que les intensités des forces, avec les longueurs des cordons inextensibles par lesquels les nœuds sont liés les uns aux autres. Car, placez, par exemple, l'extrémité A, à laquelle s'applique la force AF, en un point quelconque de l'espace. Puisque la direction de cette force est donnée, celle du premier cordon AN, le sera aussi, et même sa tension, qui doit être égale et contraire à la force AF. Prenez donc, sur le prolongement de FA, une longueur égale à celle que ce premier cordon doit avoir; et le point où elle se terminera sera le lieu du nœud N,, auquel il faudra appliquer la force F,, connue en intensité ainsi qu'en direction. Ce nœud se trouvera alors sollicité simultanément par cette force et par la force AF, transmise tout entière le long du cordon AN, comme dans la fig. 111; ou, ce qui revient au même, il se trouvera sollicité par la résultante N,R, de ces deux forces. Donc, pour qu'il soit en équilibre, il faudra que la tension du cordon N,N,, par lequel il reçoit la réaction des autres forces, soit égale et

contraire à cette résultante; ce qui donne la direction de ce cordon, et par conséquent le lieu du second nœud N_2 qui le termine, puisque la longueur de ce cordon est supposée connue. En poursuivant ce raisonnement, on trouvera successivement le lieu du troisième nœud, du quatrième, et ainsi des autres, lesquels pourront n'être pas dans un même plan; et l'on obtiendra également les tensions de tous les cordons qui y aboutissent, jusqu'à l'extrémité B de la corde, où la dernière force F_n, devra se trouver égale et contraire à la dernière tension. De sorte que ce sera là, réellement, l'unique condition à laquelle le système des forces devra satisfaire, pour que l'équilibre de la corde puisse avoir lieu ainsi dans l'espace sous son influence.

Cette condition définitive, d'après la marche qui nous a conduits à l'obtenir, semble renfermer les tensions des cordons qui entrent dans la formation des composantes successives; mais en réalité elle n'en dépend pas. En effet, reprenant la série des raisonnemens qui précèdent, nous avons vu que la tension R_1 du second cordon N_1N_2 est la résultante des deux forces F, F_1, transportée au nœud N_1. De là, cette tension et cette résultante se transmettant au nœud N_2, résolvez-l'y de nouveau en ses deux composantes primitives. Alors les trois forces F, F_1, F_2, agissant en N_2, donneront la tension R_2 du cordon N_2N_3; et cette tension à son tour, résolue en N_3 dans ses composantes, se combinera avec la force F_3, de manière à donner pour résultante la tension R_3 du cordon suivant. Le même raisonnement continué jusqu'à l'extrémité B de la corde, y produira enfin la dernière tension R_{n-1}, égale à la résultante des forces précédentes, $F, F_1, F_2, \ldots F_{n-1}$; et cette dernière tension devant être équilibrée par la dernière force F_n, on voit qu'en définitive il faudra que *toutes les forces exté-*

rieures $FF_1F_2 \ldots F_m$ *qui sont appliquées aux divers points de la corde libre, soient telles qu'elles se fassent mutuellement équilibre étant transportées au même point d'application;* ou, ce qui revient au même, *que l'une quelconque d'entre elles soit alors égale à la résultante de toutes les autres.* Cette condition est la seule qui doive exister entre les forces appliquées en divers points d'une corde parfaitement flexible et inextensible pour qu'elle puisse se tenir en équilibre dans l'espace par l'unique effet de leur mutuelle réaction.

133. La méthode de composition successive que nous venons d'employer pour analyser la transmission des forces suivant la longueur des cordons consécutifs, détermine les intensités particulières des tensions que ces cordons éprouvent. Ainsi, par exemple, le troisième cordon N_2N_3 de la fig. 114, se trouve tiré dans le sens N_3N_2, par la résultante des forces F,F_1,F_2, transportées au point N_2; et il l'est dans le sens contraire par la résultante de toutes les autres forces $F_3F_4 \ldots F_n$ transportées au point N_3. Ces deux résultantes se trouvent égales et contraires l'une à l'autre, par la relation d'équilibre établie précédemment entre toutes les forces. En général, tout autre cordon offrira un résultat analogue, c'est-à-dire que le m^e, par exemple, représenté par $N_{m-1}N_m$, se trouvera tiré dans le sens N_mN_{m-1} par la résultante de toutes les forces $F,F_1, \ldots F_{m-1}$ transportées au point N_{m-1}, et dans le sens contraire $N_{m-1}N_m$, par la résultante aussi égale, mais contraire, de toutes les autres forces $F_m, F_{m+1} \ldots F_n$, transportées au point N_m.

134. Dans le cas particulier où les forces $F, F_1, F_2 \ldots F_n$, appliquées à la corde, seraient toutes parallèles à un même plan, les règles précédentes montrent que le polygone formé par la corde en équi-

libre, doit être tout entier contenu dans un plan parallèle à celui-là. En effet, reprenons la figure 114 avec cette condition particulière sur la direction des forces; et considérons d'abord le premier cordon AN_1. Nous savons qu'il doit être situé sur le prolongement de la force AF. Conséquemment nous pouvons, par sa direction ou celle de AF, mener un plan parallèle au plan commun des forces. Ce plan, ainsi conduit, contiendra le point N_1, auquel la force F_1 est appliquée; il contiendra donc la force F, elle-même, qui lui est parallèle. Contenant ainsi F et F_1, il contiendra leur résultante, et par suite le second cordon N_1N_2 qui doit en être le prolongement. D'après cela, il passera par le point N_2 auquel la force F_2 est appliquée. Mais, contenant ce point, il renfermera la force F_2 elle-même, puisqu'il lui est parallèle; donc il contiendra le cordon suivant N_2N_3, puisque ce cordon est opposé à la résultante des trois forces F, F_1, F_2. Le même raisonnement continué ainsi jusqu'à la dernière extrémité de la corde, amène de même, successivement, chaque cordon dans le plan mené par la direction de la première force parallèlement à toutes les autres.

Si les forces F, F_1,...F_n sont, non-seulement parallèles à un même plan, mais parallèles entre elles, leur résultante générale sera égale à leur somme algébrique lorsqu'elles seront transportées au même point. Il faudra donc que cette somme soit nulle pour que la corde puisse être en équilibre sous leur influence combinée.

135. Jusqu'ici nous avons supposé la corde entièrement libre; mais on pourrait aussi la supposer attachée par ses deux bouts à des points fixes, et demander les conditions de son équilibre avec cette particularité. Or, rien n'est plus facile, d'après ce qui précède. Car les deux points fixes étant considérés comme suscep-

tibles de produire une résistance indéfinie dans quelque sens qu'ils soient tirés, on peut toujours attribuer à ces résistances les valeurs, ainsi que les directions, nécessaires pour représenter les forces F, F_n que nous avons supposées appliquées aux extrémités de la corde libre, suivant ses premier et dernier prolongemens. Il ne restera donc plus qu'à voir si, avec cette liberté, l'équilibre de la corde est possible entre les positions assignées à ses extrémités. Pour cela, soient, fig. 115, A et B les deux points fixes, et AF, BF_n, ou F et F_n les deux tensions extrêmes supposées jusqu'ici indéterminées, tant en intensité qu'en direction. D'après la méthode de composition successive, expliquée § 132, concevons la tension F transportée au point B, suivant Bf parallèle à AF; et transportons également à ce même point toutes les autres forces F,......F_{n-1}, parallèlement à elles-mêmes. Ces forces sont censées données tant en intensité qu'en direction; on pourra donc, en les composant ensemble au point B, obtenir leur résultante BR ou R, dont l'intensité et la direction seront aussi connues. Cela posé, il faudra, par la condition générale d'équilibre, que les deux tensions Bf, BF_n soient en équilibre au point B avec la résultante R, ce qui exige d'abord qu'elles soient dans un même plan. Conséquemment, si par les points fixes A et B, on mène un plan qui contienne cette résultante, il contiendra aussi les directions des deux cordons extrêmes NA, $N_{n-1}B$, dans l'état d'équilibre.

Maintenant, soient a et a_n les angles inconnus que les deux tensions, aussi inconnues F, F_n, forment avec la résultante donnée R. On aura, d'après la loi de la composition des forces, les deux équations suivantes, démontrées dans le § 44,

$$(1) \qquad F \sin a = F_n \sin a_n ,$$
$$(2) \qquad R = F \cos a + F_n \cos a_n$$

Ces équations ne déterminent pas les quatre inconnues a, a_n, F, F_n; elles établissent seulement deux relations entre elles. Mais, si le polygone funiculaire était déjà donné en équilibre avec les directions des cordons extrêmes, les angles a, a_n, se trouvant connus, il deviendrait facile d'en déduire les tensions correspondantes, puisqu'on aurait, par les équations précédentes,

$$(3) \quad F = \frac{R.\sin a_n}{\sin (a + a_n)}, \quad F_n = \frac{R \sin a}{\sin (a + a_n)};$$

ce qui revient à dire en Géométrie que, connaissant les deux directions des côtés du parallélogramme des forces en B, ainsi que la direction de la diagonale Br et sa longueur, on trouverait pour les côtés les valeurs ci-dessus. Il est également évident qu'avec ces valeurs de F et F_n, on achèverait la construction du polygone formé par la corde, précisément comme si elle était libre, pourvu que les distances successives des nœuds, et les forces qui s'y appliquent fussent données.

136. Dans le cas général où les directions des deux cordons extrêmes sont inconnues aussi bien que leurs tensions, l'indétermination laissée par les équations (1) et (2) sert pour que les cordons successifs pris à partir des extrémités, après avoir satisfait aux conditions de leur longueur propre et de l'équilibre de chaque nœud, se rejoignent en formant la longueur totale assignée à la corde entre les deux points donnés comme fixes. En effet, supposons que, les forces $F_1 \ldots F_{n-1}$ étant données, on prenne arbitrairement les angles a et a_n. On en déduira aussitôt deux valeurs correspondantes pour les tensions extrêmes F, F_n, comme nous venons de le voir. Avec ces valeurs et les longueurs des cordons qui aboutissent à chaque point fixe, on pourra

construire le premier et le dernier nœud; et de là, en
appliquant à ces nœuds les forces F_1, F_{n-1}, qui sont
censées données, on en déduira, dans chacun de ces
sens, la prolongation de la corde par le raisonnement
du § 132. En continuant ainsi dans un sens ou dans
l'autre, on obtiendra successivement tous les côtés du
polygone funiculaire en équilibre; et si l'on est parti
du point A, par exemple, lorsqu'on arrivera au dernier côté situé vers B, on trouvera que sa tension doit
être justement la tension F_n correspondante à F, et formant l'angle a_n avec la résultante R; ce qui est évident, puisque c'est par cette condition même que la
valeur adoptée pour F a été calculée dans les équations
(1) et (2) du paragraphe précédent. Mais le polygone
ainsi construit, quoique satisfaisant aux deux conditions de partir du premier point fixe A, et d'être en
équilibre sous l'influence des forces données, pourra
encore ne pas satisfaire à la troisième qui est de venir
se terminer au second point donné B. Car il est clair
que ce raccordement, s'il est possible, ne le sera pas avec
toutes sortes de valeurs de a ou de a_n, c'est-à-dire avec
toute direction quelconque des cordons extrêmes. Il
devra au contraire exiger certaines directions particulières de ces cordons dans l'espace. Or, l'expression de
cette jonction géométrique est précisément ce qu'il faut
joindre aux données statiques du problème pour limiter
l'indétermination des valeurs des angles a et a_n dans les
équations (1) et (2) du paragraphe précédent.

137. Pour éclaircir ces résultats, supposons que
toutes les forces $F_1 F_2 F_3 \ldots \ldots F_{n-1}$ appliquées à la
corde soient parallèles entre elles, par exemple, verticales, fig. 116. Ce sera le cas d'une corde sans pesanteur,
suspendue par ses extrémités aux points fixes A, B, et
tirée en divers points de sa longueur par des poids que

les forces F_1, F_2, F_3, représentent. Nous avons vu, § 134, qu'alors le polygone formé par la corde doit être tout entier dans un plan parallèle aux forces, par conséquent ici vertical et passant de plus par les deux points fixes A et B. Si l'on suppose ce polygone réalisé, et que AN_1, BN_3, représentent les directions des cordons extrêmes, auxquels s'appliquent les tensions inconnues AF, BF_n, ou F, F_n, il devra y avoir équilibre en B entre ces tensions transportées parallèlement à elles-mêmes, et la résultante BR ou R de toutes les forces F,F_2F_3, laquelle sera ici égale à leur somme et verticale comme elles. D'après cela, si les directions des deux cordons extrêmes sont données, on prolongera la résultante BR entre elles; et, prenant Br égal à BR, on mènera du point r des parallèles à ces deux directions, ce qui déterminera les côtés du parallélogramme exprimant les tensions cherchées.

D'après les formules citées plus haut, § 135, les valeurs de ces tensions seront

$$F = \frac{R \sin a_n}{\sin (a + a_n)}, \quad F_n = \frac{R \sin a}{\sin (a + a_n)},$$

d'où l'on tire

$$\frac{F_n}{F} = \frac{\sin a}{\sin a_n},$$

c'est-à-dire que leurs intensités respectives sont réciproques aux sinus des inclinaisons de leur direction sur la verticale; c'est la première condition des équations générales (1) et (2). Il est facile de voir que cette propriété s'étend aussi aux tensions R,R_2 des cordons intermédiaires; car si l'on cherche le rapport de R_1 à F, de R_2 à R_1, et ainsi de suite, d'après la proportion des sinus donnée par l'équilibre de chaque nœud, on trouve que chaque tension R_m étant multipliée par le sinus de son inclinaison sur la verticale, forme un produit $R_m \sin a_m$, qui est constant pour toute l'étendue de la corde, et égal à $F \sin a$ ou $F_n \sin a_n$.

138. Ces résultats sont vrais, quel que soit le nombre des côtés qui composent le polygone funiculaire. Ils auraient donc lieu encore si ce nombre devenait infini. Alors le polygone se change en une courbe continue ASB, fig. 117, telle que la formerait une corde ou une chaîne pesante dont la grosseur ou plutôt le poids varierait d'une manière quelconque dans ses diverses parties, et dont les deux extrémités seraient suspendues à deux points fixes A et B. Dans ce cas, les directions des cordons extrêmes sont représentées par les tangentes menées en A et B à la courbe; et leurs tensions, calculées par les formules précédentes, expriment les forces respectives avec lesquelles ces points de suspension se trouvent tirés suivant les deux directions dont il s'agit. La résultante R exprime le poids total de la corde, lequel se répartit ainsi entre les deux tractions extrêmes réciproquement aux sinus de leurs inclinaisons a, a_n, sur la verticale. Et ce même rapport subsiste dans toute l'étendue de la courbe; c'est-à-dire que, si l'on exprime généralement par φ la tension d'un quelconque M de ses élémens, dont a soit l'inclinaison sur la verticale, inclinaison mesurée par la direction de la tangente en ce point, le produit $\varphi \sin a$ est constant et égal à $F \sin a$ ou $F_n \sin a_n$, F et F_n représentant les tensions extrêmes. Sur quoi l'on peut remarquer que cette valeur constante de $\varphi \sin a$ exprime la tension particulière du point S, pour lequel la tangente de la courbe est horizontale; puisque, pour ce point, $\sin a$ devenant l'unité, le produit $\varphi \sin a$ se réduit à la tension même. Représentant donc par c cette tension de l'élément horizontal,

on aura pour tout autre élément

$$\varphi \sin \alpha = c.$$

En outre, d'après la marche de composition successive établie dans le § 132, la condition d'équilibre qui existe à l'extrémité B entre les tensions extrêmes F, F_a, et la résultante R de toutes les forces appliquées à la corde, cette condition, dis-je, doit également avoir lieu en tout autre point de la courbe, au point S, par exemple, entre la tension particulière de l'élément horizontal S, la tension initiale F, et la résultante, c'est-à-dire ici la somme, de toutes les forces distribuées sur l'arc AS. Même, au lieu de la tension initiale F, on peut établir cette relation pour la tension φ, en limitant l'arc de la courbe de S en M. Soit donc p le poids d'une portion quelconque de cet arc comptée ainsi, depuis le point le plus bas S jusqu'à l'élément quelconque M, dont la tension est φ, et α l'inclinaison sur la verticale. Alors, dans la composition exprimée par les équations (3), § 135, F se trouvera remplacé par φ, R par p, α par α, et enfin a_n par 90°, puisque l'élément S, pris ici pour point extrême, est horizontal; ce qui donnera

$$\sin (a + a_n) = \sin (90° + \alpha) = \cos \alpha.$$

Avec ces valeurs la première des équations (3) donne

$$\varphi = \frac{p}{\cos \alpha}.$$

Cette équation signifie que la tension φ, transportée en S parallèlement à elle-même, donne en ce point une composante verticale égale au poids total p de l'arc AM. Si l'on joint à cette relation celle que prend la constante de la composante horizontale, ou $\varphi \sin \alpha = c$, on aura toutes les relations qui caractérisent la forme et la tension de la courbe en un point quelconque. Cette courbe a reçu en Géométrie le nom de *chaînette*.

139. Il nous reste à considérer l'équilibre des cordes tendues sur des lignes ou sur des surfaces résistantes, dont elles sont assujetties à suivre le contour. Ce cas est d'autant plus intéressant à étudier, que c'est presque toujours ainsi que l'on emploie les cordes dans les appareils mécaniques.

Pour nous former une idée claire et précise de ce qui se passe alors, considérons une corde AB, fig. 118, tendue en ligne droite et tenue en équilibre par deux forces égales et contraires AF, BF,, appliquées à ses extrémités suivant sa direction même. Posons cette droite ainsi tendue sur le contour d'un cercle résistant décrit d'un rayon quelconque CM, de manière qu'elle lui soit simplement tangente en M. L'équilibre ne sera pas troublé par cette circonstance géométrique; et, les deux forces AF, BF, se détruisant toujours mutuellement, le cercle n'aura aucun effort à supporter. Maintenant concevons que les deux forces s'inclinant l'une à l'autre dans le plan du cercle, plient la corde sur sa circonférence comme le représente la fig. 119, en demeurant dirigées suivant les tangentes aux points de contact extrêmes. La seule raison de symétrie fait voir qu'il y aura encore équilibre dans cette disposition; puisque, les tractions exercées en M, M,, étant égales, la portion pliée de la corde ne peut avoir aucune tendance à se mouvoir d'un côté, plutôt que d'un autre, sur le contour du cercle. Mais cette considération, suffisante pour prouver l'équilibre, ne montre pas comment il est établi, c'est-à-dire qu'elle ne fait pas connaître le mode de transmission par lequel les forces tangentielles AF, BF,, se contre-balancent le long de la courbe, non plus que la direction et l'énergie de la pression que celle-ci en reçoit.

Pour éclaircir ces diverses particularités, qui composent réellement la partie rationnelle du problème, il faut, comme nous l'avons fait au commencement de ce chapitre, décomposer la corde flexible et inextensible en ses élémens physiques longitudinaux, consistant en parties rigides et inflexibles, jointes bout à bout les unes aux autres, et pouvant tourner avec une liberté entière autour de leurs points de jonctions successives. Alors, en supposant pour plus de simplicité que ces élémens rigides soient tous d'égale longueur et tangens en leur point milieu, à la circonférence résistante, leur disposition dans la corde pliée sera celle que représente la fig. 120; c'est-à-dire qu'ils formeront les côtés d'une portion de polygone régulier, circonscrit à cette circonférence entre les points de contact extrêmes, désignés ici par M_1 et M_n. Maintenant concevons que le premier élément rigide NA et le dernier $N_n B$, situés comme les autres dans le plan du cercle, se trouvent tirés, suivant de certaines directions, par deux forces AF, BF_1, ou simplement F, F_1, agissant dans le sens de leurs prolongemens, lesquels, pour plus de généralité, pourront ne pas être supposés tangens à la circonférence. Ces deux forces solliciteront ainsi immédiatement le premier et le dernier point de jonction N, N_n; puis, de là, en vertu de la rigidité des élémens consécutifs, elles pourront réagir sur les autres points analogues, d'une manière qu'il faudra chercher à connaître; et comme le mouvement de charnière de chacun de ces points est supposé tout-à-fait libre, il faudra, pour qu'il y ait équilibre dans le système, que cette réaction soit anéantie en vertu de la résistance du cercle aux points M_1, M_2,.........M_n où il est pressé par chaque élément.

Une telle résistance doit être généralement considérée

comme une force dirigée suivant la normale à la courbe sur laquelle la corde est pliée, normale qui est ici le rayon du cercle. Ainsi, elle se trouvera perpendiculaire à la direction de chaque élément rigide tangentiel. Supposons que, pour un quelconque d'entre eux, N_3N_4, par exemple, on la représente par la longueur M_4P_4, que nous appellerons P_4 pour abréger le discours. Cette force P_4 peut être considérée comme la résultante de deux forces parallèles, et égales $\frac{1}{2}P_4$, qui agiraient de même, perpendiculairement, aux extrémités N_3N_4 de l'élément rigide; et ainsi on peut la remplacer par ces composantes. En effectuant une transformation pareille pour tous les côtés du polygone, la résistance totale de la circonférence sur laquelle la corde est pliée se trouvera représentée par le système de toutes les composantes analogues $\frac{1}{2}P_1$, $\frac{1}{2}P_2$ .... $\frac{1}{2}P_n$, agissant ainsi en chaque point de jonction, perpendiculairement à l'élément rigide auquel elles appartiennent; et tout se réduira à savoir s'il est possible de donner à ces forces des valeurs telles que le polygone soit en équilibre sous leur influence combinée avec celles des forces extrêmes F, F_1. Si nous pouvons ainsi opérer généralement cet équilibre, nous n'aurons qu'à multiplier indéfiniment le nombre des côtés du polygone, en diminuant successivement leur longueur, et la limite de cette subdivision nous donnera évidemment le cas d'une corde continue pliée sur la circonférence résistante.

Mais de plus, comme nous voulons que la corde ait ses derniers élémens tangens à la circonférence, il faut prendre les forces F, F_1, telles, qu'en multipliant indéfiniment les côtés du polygone elles se trouvent satisfaire à cette modification. Pour cela, nous prendrons la première force F, perpendiculaire au rayon CN mené au point de jonction des deux premiers élémens, ce qui la rendra physiquement tangentielle lorsque la multiplication indéfinie des côtés du polygone amènera le point N infiniment près de la circonférence. Quant à la force extrême F_n qui sollicite le dernier élément, nous ne prononcerons rien sur elle; car sa direction et son intensité se trouveront complètement déterminées par la condition de l'équilibre lorsque l'on se donne la première force F. Au reste, la seule raison de symétrie fait prévoir d'avance qu'elle sera égale et symétrique à F.

Ces choses bien comprises, le reste n'est qu'une application littérale de la méthode de composition successive expliquée § 132. Ainsi, en commençant par le premier point de jonction N, ce point se trouve d'abord immédiatement sollicité par la force F, transmise suivant le prolongement de l'élément rigide NA. Il peut en outre l'être, indirectement, par les forces transmises des autres points du système dont il fait partie; mais, ne communiquant à ces autres points que par l'intermédiaire de l'élément rectiligne NN_1, la réaction qu'il en éprouve ne peut s'exercer que suivant cette direction même. Enfin on peut, s'il est nécessaire, supposer en outre ce point sollicité par une troisième force Np_1 ou p_1, perpendiculaire à l'élément NN_1, et égale à la moitié de la résistance normale que la circonférence inscrite lui oppose au point de contact M_1. Conséquemment pour que ce premier point de jonction N soit en équilibre, il faut : 1°. que les trois directions NA, NN_1, Np_1 soient dans un même plan, ce qui a lieu de soi-même, puisque ce plan est celui du cercle; 2°. que la force donnée F, la tension inconnue T, et la composante également inconnue p_1, qui agissent suivant ces trois directions, se fassent mutuellement équilibre; par conséquent que l'une quelconque d'entre elles soit égale et directe-

ment contraire à la résultante des deux autres. Cette
dernière condition détermine T et $p_{,}$, la force F étant
connue. Car si l'on prend sur sa direction, à partir du
point N, la ligne Nf ou F qui la représente, il n'y aura
qu'à considérer cette longueur comme l'un des côtés
du parallélogramme des forces, dont la diagonale est
dirigée sur le prolongement de NN$_{,}$, et l'autre côté
est perpendiculaire à cet élément. Construisant donc ce
parallélogramme, la diagonale NT ou T représentera
la tension longitudinale que doit éprouver l'élément
NN$_{,}$; et le côté N$p_{,}$ ou $p_{,}$ représentera la composante
normale provenant de la résistance de la courbe de
contact; et il sera également facile de trouver les valeurs algébriques de ces forces. Car si l'on exprime par
2ω l'angle au centre sous-tendu par chacun des côtés
du polygone, l'angle TNC sera $90 + \omega$; et, puisque
ANC est de $90°$ par hypothèse, TNf sera égal à ω. De
plus, fTN est droit comme égal à TN$p_{,}$; conséquemment, dans le triangle fTN, le côté Nf étant exprimé
par F, on aura pour les deux autres côtés NT, N$p_{,}$,

$$T = F \cos \omega, \qquad p_{,} = F \sin \omega;$$

avec ces rapports, il y aura équilibre au premier point
de jonction N.

La valeur trouvée ici pour la composante normale $p_{,}$
nécessite l'existence d'une autre force égale appliquée
en N$_{,}$, à l'autre extrémité de l'élément rigide. Cet élément éprouvera ainsi en M$_{,}$, de la part du cercle de
contact, une résistance totale égale à la somme de ces
composantes ou à $2F \sin \omega$.

Maintenant la résultante T ou $F \cos \omega$, se transmet
tout entière au second point de jonction N$_{,}$, sur lequel
elle agit conjointement avec la seconde composante
normale $p_{,}$ ou $F \sin \omega$. On peut réunir ces deux forces en

une seule en les appliquant avec leurs longueurs $N_1 t_1$, $N_1 p_1$, sur leurs directions propres, et construisant le rectangle $p_1 N_1 t_1 f_1$. Alors la diagonale $N_1 f_1$, qui représente la résultante de ces deux forces, se trouve évidemment égale à Nf ou à la force primitive F elle-même ; en outre, elle forme avec l'élément rigide $N_1 N$ le même angle ω, ce qui la rend perpendiculaire au rayon CN_1. Le second point de jonction N_1 se trouve donc sollicité par cette résultante, absolument comme le point N se trouvait sollicité par la force primitive F. Ainsi, les mêmes raisonnemens s'y appliqueront sans aucun changement ; et les conséquences en seront les mêmes ; c'est-à-dire qu'il faudra encore pour l'équilibre attribuer à l'élément suivant $N_1 N_2$ une tension longitudinale égale à T ou F cos ω, et supposer à ses extrémités $N_1 N_2$ deux composantes normales égales à F sin ω, ce qui donnera 2 F sin ω pour la résistance exercée en M_2 par la circonférence de contact.

Comme cette seconde opération reproduira encore les mêmes circonstances que la première, les mêmes conséquences s'en déduiront encore, et se répèteront ainsi consécutivement sur tous les autres côtés du polygone jusqu'au dernier $N_{n-1} N_n$, dans lequel la dernière extrémité N_n se trouvera sollicitée simultanément par la tension constante T ou F cos ω, par la composante normale également constante p_n ou F sin ω, et enfin par la force extrême BF ou F_1 agissant suivant la direction inconnue du cordon rectiligne $N_n B$; ou, ce qui est la même chose, le point N_n sera sollicité par la force F_1 et par la résultante des deux forces rectangulaires F cos ω et F sin ω, dirigées comme nous venons de le dire. Or, cette résultante est égale à la force primitive F, et de plus, elle est également perpendiculaire au rayon CN_n ; il faudra donc, et il suffira pour l'équilibre, que la force extrême F, soit égale à la force extrême F, et exerce une traction de sens opposé, précisément comme la seule raison de symétrie l'indiquait. Et non-seulement ceci établit l'équilibre de la corde, mais on peut comprendre comment l'action opposée de ces forces, ainsi dirigées, exige que les résistances normales p, p_n, ou F sin ω agissent aux deux extrémités de chaque élément rigide. Car, si l'on se reporte, par exemple, au premier point de jonction N, où s'applique immédiatement la force F, on peut décomposer cette force en deux autres, l'une dirigée suivant l'élément N,N, et tirant cet élément vers T, l'autre normale à sa direction et tendant à le rapprocher de la circonférence de contact. Or, la composante longitudinale a évidemment pour valeur F cos ω, et telle est aussi la valeur que nous avons trouvée pour la traction éprouvée par l'élément N,N; et la composante normale a pour valeur F sin ω, ce qui exige en N une résistance normale égale, pour contre-balancer son effort. Au moyen de cette résistance, il ne reste d'actif en N que la tension longitudinale F cos ω, qui se transmet tout entière au second point de jonction N,, et de là successivement à tous les autres.

140. Dans cet équilibre, les pressions normales P_1, P_2...P_n, égales entre elles et à 2F sin ω, se dirigent toutes au centre du cercle résistant; et, se transmettant à ce centre en vertu de la rigidité supposée du cercle, elles s'y composent en une résultante unique qui exprime la pression totale que ce centre éprouve. Il est facile d'évaluer cette résultante et de trouver sa direction. Car, d'après le mode de composition successive expliqué § 132, et employé ici sans aucune modification, si l'on transporte au dernier nœud N, la force extrême F, ainsi que les forces normales

P_1, P_2....P_n, toutes parallèlement à elles-mêmes, il devra y avoir équilibre entre ces forces et la force extrême F, ou F_1, spécialement appliquée au point N_n; ou, ce qui revient au même, la résultante de toutes les forces normales P_1, P_2....P_n sera égale et directement contraire à la résultante des deux forces extrêmes F, F_1, prises chacune parallèlement à leur direction propre. Elle divisera donc l'angle de ces forces en deux parties égales; et, si on le représente par $2a$, elle aura pour valeur $2F \cos a$. On peut faire cette construction au centre C même, tout aussi bien qu'au point N_n, en menant par ce centre des lignes $C\varphi$ respectivement parallèles aux deux forces F, et que l'on prendra proportionnelles à leurs intensités. Alors, achevant sur ces lignes le parallélogramme des forces, qui sera ici un losange, la diagonale CR sera la résultante générale de toutes les pressions normales exercées sur le contour du polygone, en vertu de l'action des forces extrêmes AF, BF_1. On voit, comme nous l'avons annoncé tout à l'heure, que cette résultante divisera l'angle $2a$ des forces en deux parties égales, et aura pour valeur $2F \cos a$.

141. Dans tout ceci, nous n'avons mentionné en aucune manière le nombre des côtés du polygone tangent. Quel que soit ce nombre, si les tractions extrêmes sont égales et perpendiculaires aux rayons extrêmes CN, CN_n, comme nos raisonnemens le supposent, elles se feront mutuellement équilibre, par l'intermédiaire du polygone plié sur la circonférence résistante, en donnant à tous les côtés une tension égale, et leur faisant exercer sur cette circonférence d'égales pressions, dont la résultante générale, transmise au centre du cercle, sera la résultante même des forces extrêmes appliquée à ce centre. Ces résultats

subsisteront donc encore lorsque le nombre des côtés du polygone sera indéfiniment multiplié entre les points de tangence extrêmes M et M_n. Alors les extrémités N, N_n du premier et du dernier élément, se rapprochant indéfiniment de la circonférence, les tractions extrêmes F deviennent physiquement tangentielles, puisqu'elles sont toujours perpendiculaires aux deux rayons menés de ces points. La traction constante F cos ω ne diffère de ces forces F que d'une quantité infiniment petite et comme nulle, puisqu'elle peut se mettre sous la forme $F - 2F \sin^2 \frac{1}{2}\omega$, et que, par la diminution infinie de la longueur des côtés du polygone, le demi-angle au centre ω devient infiniment petit. Ainsi la corde pliée est tendue également dans toute sa longueur; et les pressions que tous ses élémens exercent sur le contour de la circonférence, transmettent au centre une résultante égale à la résultante des forces extrêmes, dont l'intensité est $2F \cos a$; de sorte que, si l'on représente ces forces par le rayon même du cercle sur lequel la corde est pliée, fig. 121, la résultante des pressions $2F \cos a$ se trouvera représentée par la sous-tendante $M_1 M_n$ de l'arc $2a$ que la corde embrasse. Car il est visible que les triangles isoscèles $C\varphi R$, $M_1 C M_n$ sont équiangles, comme ayant leurs côtés respectivement perpendiculaires, ce qui les rend égaux à cause de l'égalité des côtés pris égaux au rayon.

Ces modifications des résultats, en passant du polygone à la courbe continue, sont évidentes d'elles-mêmes. Il ne peut y avoir quelque difficulté que pour les valeurs des pressions normales P_1, P_2, ... P_n, qui, étant égales à $2F \sin \omega$, semblent s'évanouir individuellement, lorsque ω devient infiniment petit par la multiplication indéfinie du nombre des côtés du polygone. Cette atténuation est en effet réelle; mais il faut

remarquer qu'en même temps que ces pressions individuelles s'affaiblissent, le nombre des élémens qui
les exercent devient plus considérable, ce qui produit
une compensation qui, ainsi qu'on l'a vu plus haut,
rend leur résultante totale constante, et indépendante
du nombre et de la grandeur des côtés du polygone,
sa valeur étant toujours égale à $2F \cos \alpha$. Au reste,
l'expression même $2F \sin \alpha$ des pressions individuelles
exercées par chaque élément rigide, confirme ce que
nous venons de montrer. Car $\sin \alpha$ est égal à la demi-
longueur de chaque élément tangentiel, ou à $\frac{1}{2} l$ divisée par le rayon r du cercle circonscrit. Conséquemment, la pression normale $2F \sin \alpha$ peut être également

exprimée par $\dfrac{Fl}{r}$; et, si elle diminue avec l, quand

le nombre des côtés du polygone augmente, cette
augmentation même multiplie pareillement le nombre
de ces pressions affaiblies, qui, en se composant les unes
avec les autres, donnent toujours la même résultante.

142. Les considérations précédentes pourraient facilement être étendues au cas où la corde, au lieu
d'être pliée sur une circonférence d'un rayon constant, le serait sur une courbe ou même sur une surface quelconque. Car toute courbe peut être considérée
comme composée d'élémens circulaires consécutifs dont
le rayon varie; et toute surface peut être considérée
comme composée d'élémens sphériques de rayons graduellement variables; de sorte que les élémens de la
corde pliée sur une courbe ou sur une surface quelconque, doivent toujours satisfaire consécutivement
aux conditions de l'équilibre sur le cercle ou sur la
sphère, deux cas dont l'un vient d'être traité complètement, et l'autre serait très facile à traiter par
ce qui précède. Mais il nous suffira ici d'avoir indiqué

cette généralisation, d'autant que les cordes sont presque toujours pliées sur des cercles, dans les applications mécaniques.

Les Poulies et les Moufles.

143. Les poulies sont des cercles solides de bois ou de métal, dont le contour, d'une certaine épaisseur, est creusé en gorge pareillement circulaire. Dans cette gorge s'enroule une corde, aux deux bouts de laquelle on applique des forces qui se combattent, en vertu de la résistance du cercle solide. Cet appareil sert en général pour changer la direction des forces, et aussi pour favoriser leur effort, à l'aide de points fixes, comme on le verra lorsque nous décrirons les diverses manières de l'employer, dont les plus simples sont représentées fig. 122, 123, 124 et 125.

Généralement, le centre de la poulie est traversé par un axe rigide autour duquel elle peut tourner librement. Mais quelquefois cet axe est fixé invariablement, de manière à résister à la pression que le centre éprouve, tandis que, dans d'autres cas, au contraire, l'axe et la poulie sont libres dans l'espace. Les fig. 122 et 123 appartiennent à cette première disposition, et les fig. 124 et 125 à la seconde. Pour ne pas compliquer les effets statiques par des considérations étrangères à ces dispositions mêmes, nous ferons généralement abstraction du poids et de la raideur de la corde enroulée, et nous la supposerons consister en un simple fil inflexible et inextensible, susceptible de glisser dans la gorge de la poulie sans aucun frottement.

144. Dans la figure 122, les deux extrémités de la corde, tangentes en M et $M_{,}$ au cercle, sont tirées en sens contraires par les deux forces AF, $BF_{,}$. Pour

que la corde ainsi sollicitée soit en équilibre, il faut, d'après ce qui a été démontré dans le précédent paragraphe, que les deux forces F, F, soient égales entre elles, et que le centre, ou l'axe rigide qui le supporte, puisse résister à l'effort de leur résultante CR. Cet effort est exprimé par $2F \cos a$, en représentant par $2a$ l'inclinaison mutuelle des deux forces l'une sur l'autre.

La figure 123 représente le cas particulier de cette disposition où les deux forces AF, BF, sont parallèles l'une à l'autre, ainsi que les cordons tangentiels MA, M,B, qu'elles sollicitent suivant leurs longueurs. Alors la pression CR que le centre éprouve, et que l'axe fixe supporte, devient égale à la somme de ces forces ou au double d'une d'entre elles.

L'appareil ainsi employé, l'axe étant fixe, ne peut avoir qu'un usage très borné, celui de transformer la direction des forces. Ainsi, dans le cas de la figure 123, une force verticale F, agissant de haut en bas, peut, à l'aide de la corde et du point fixe C, intervertir son effort et élever le poids P de bas en haut, en sens contraire de sa direction propre. Mais la puissance dont on dispose n'a rien à gagner de plus que le changement de direction, puisqu'il faut toujours qu'elle soit égale à la résistance qu'on lui fait combattre.

145. Dans les figures 124 et 125, où la poulie est mobile, l'axe rigide qui traverse son centre porte ordinairement un appareil que l'on appelle *chape*, et qui est formé par deux lames ou tiges de métal CL, parallèles entre elles, dont la longueur excède un peu le rayon de la poulie, de sorte qu'elles peuvent se rejoindre, et se rejoignent en effet à leurs extrémités L, sans gêner le mouvement circulaire de la poulie autour de son axe. La chape est ordinairement terminée par

un crochet auquel on attache les poids, ou généralement les résistances par lesquelles on veut équilibrer
l'action des forces F, F, qui sollicitent la corde enroulée.

Lorsque l'on emploie cette disposition, il faut toujours, pour l'équilibre, que les deux forces F, F, soient
égales entre elles, comme précédemment, afin que la
corde ne glisse pas sur la poulie. Il faut ensuite que
leur résultante soit égale et contraire à la force R, qui
tire la poulie par sa chape; ainsi, lorsque les deux
forces sont parallèles à la résistance R, comme dans
la figure 125, il faut que chacune d'elles soit égale
à la moitié de cette résistance ou à $\frac{1}{2}$R.

146. Une des forces ainsi agissantes peut être remplacée par la résistance d'un point fixe auquel la corde
est attachée. En effet, l'équilibre ayant lieu entre les
forces égales F, F, et la résistance R, fig. 124 ou 125,
supposez en A un point fixe auquel on attache la corde,
en supprimant la force F; l'équilibre aura encore lieu
comme auparavant. Car la transmission de la force F,
le long de la corde pliée, produira en A une tension égale à elle-même, et de sens contraire à la force F.
Mais cette tension sollicitant le point fixe A, sera détruite
par sa résistance, précisément comme elle l'eût été
par la force F, si l'extrémité A eût été libre au lieu
d'être fixée. Ainsi la transmission circulaire de la force F,
ne laissera pas de produire sur chaque élément de la
gorge de la poulie la même pression que dans le premier cas; d'où résultera sur le centre la pression totale $2F\cos a$, qui devra être équilibrée par la résistance R. On aura donc encore ici $F = \dfrac{R}{2\cos a}$, comme
dans le cas où l'on employait les deux forces extrêmes
F, F, ; mais on n'aura à fournir qu'une seule de ces

deux forces, l'autre étant suppléée par la résistance du point fixe A.

Dans l'expression précédente de F, le facteur $\cos a$, qui se trouve en dénominateur, est toujours une fraction moindre que l'unité, excepté dans le cas particulier où l'angle a est nul, ce qui donne $\cos a = 1$ et $F = \frac{1}{2}R$; c'est-à-dire qu'alors, à l'aide de la poulie et du point fixe, on peut équilibrer la résistance R avec une force d'une intensité moitié moindre. Ce cas est celui des cordons parallèles, représenté figure 125. Pour toute autre valeur de l'angle a, l'appareil devient moins favorable à la puissance, et d'autant moins, que l'angle a devient plus considérable; car alors $\cos a$ étant une fraction dont la valeur s'affaiblit à mesure que a augmente, la valeur de F ou $\dfrac{R}{2\cos a}$ devient plus grande, c'est-à-dire qu'il faut employer une plus grande force de traction pour équilibrer la même résistance R. Lorsque $2\cos a = 1$, ce qui suppose… $a = 60°$, F devient égal à R, et l'appareil n'offre ni avantage ni désavantage à la puissance. Mais il lui devient défavorable lorsque l'angle a augmente au-delà de cette limite; car le dénominateur $2\cos a$ devenant une fraction moindre que l'unité, la puissance F, nécessaire pour l'équilibre, est plus grande que la résistance R. Le cas extrême de cette défaveur est celui où l'on supposerait $a = 90°$, ce qui rendrait F infini, quel que fût R. Alors l'angle $2a$ se trouvant égal à 180°, les deux forces égales AF, BF seraient opposées l'une à l'autre en ligne droite, fig. 126. Par conséquent, leur résultante étant nulle ne pourrait faire équilibre à aucune résistance R qui ne serait pas nulle aussi. C'est ce que l'expression algébrique exprime, en exigeant alors pour l'équilibre que la force F soit infinie,

quelque petite que soit la résistance R, si elle n'est
pas tout-à-fait égale à zéro.

147. La figure 127 représente un assemblage de plusieurs poulies mobiles, ainsi liées à des points fixes,
et qui se tirent successivement les unes les autres, par
des cordons parallèles. La première, CM, est enroulée
par une corde dont l'extrémité A est tirée de bas en
haut par une force verticale F, l'autre extrémité B étant
attachée à un point fixe. De là résulte, sur le centre C,
une pression R ou $2F$, agissant dans le sens de la
force F. Cette résultante est employée à tirer l'une des
extrémités d'une autre corde verticale qui s'enroule
autour d'une seconde poulie, et par son autre bout va
s'accrocher en B_1 à un autre point fixe. De là naît, au
centre C_1 de cette poulie, une nouvelle résultante double
de R, par conséquent égale à $4F$; celle-ci se double
encore en agissant sur une seconde poulie, et ainsi
de suite indéfiniment. D'où l'on voit que si n représente le nombre de poulies assemblées de cette manière,
la force primitive F, transmise par leur système, produit sur le centre de la dernière une pression égale
à $2^n.F$; de sorte que son énergie semble pouvoir être
ainsi accrue indéfiniment. Mais cette possibilité mathématique se trouve fort diminuée dans la pratique, par
la résistance que la raideur des cordes oppose à leur
ploiement autour des poulies combinées; surtout pour
les dernières, qui, ayant à soutenir une résistance plus
considérable, exigent de plus grosses cordes pour la
supporter.

148. Les figures 128, 129, 130, représentent d'autres assemblages de poulies, qui ont également la propriété de multiplier la force primitive F qu'on y applique, en l'aidant par la résistance de points fixes.
Mais, dans ceux-ci, que l'on appelle des *moufles*, une

même corde continue embrasse toutes les poulies combinées.

Chacun de ces appareils se compose en général de deux systèmes de poulies, dont les axes sont fixés invariablement les uns aux autres, en ligne droite, dans chaque système, à l'aide d'une même chape métallique qui les embrasse. Le système supérieur est attaché par le haut à un point fixe; le système inférieur, au contraire, est mobile; mais il est suspendu au premier par une corde qui passe successivement d'un système à l'autre en s'enroulant autour de toutes les poulies; après quoi elle sort libre et se trouve seulement tirée à cette extrémité par une force F. Il est clair que, si cette force agissait seule dans l'appareil, elle tirerait l'extrémité de la corde à laquelle elle est appliquée, et rapprocherait ainsi le système fixe des poulies, du système mobile, puisqu'elle diminuerait la longueur de la corde qui les joint. On conçoit donc que son effort pour produire cet effet puisse être équilibré par une force opposée R, agissant au bas du système mobile. Pour trouver alors la relation de R et de F, il n'y a qu'à considérer que la force F agissant sur l'extrémité libre de la corde, se transmet tout entière à tous les élémens qui la composent, soit directement dans les parties rectilignes des cordons, soit circulairement dans les portions enroulées autour des poulies; de sorte que le premier et le dernier point de la corde se trouvent également sollicités par cette force F. Mais, dans les portions rectilignes des cordons, la transmission de la force F s'opère directement sans produire aucune pression latérale; au lieu que, dans les portions enroulées, la transmission circulaire produit contre les circonférences des poulies, soit fixes, soit mobiles, une pression normale qui se transmet à leur centre et y forme une résultante double de la traction F, du moins si les cordons sont tous supposés parallèles, comme le représentent nos figures. Ainsi il y a autant de ces doubles forces qu'il y a de poulies enroulées. Or, celles d'entre elles qui s'exercent sur le système des poulies fixes sont détruites par la résistance du point fixe auquel ce système est suspendu, et ainsi leur effort de haut en bas est anéanti; mais celles qui agissent de bas en haut sur les centres des poulies inférieures, subsistent et tendent à les soulever; de sorte que leur effort total est celui qui combat la résultante R attachée au bas du système mobile. Ainsi, dans la figure 128, où le système mobile comprend trois poulies enroulées, la force 2F se trouve triplée, ce qui donne R = 6F. La fig. 129 n'offre que deux poulies enroulées dans le système mobile, ce qui produit d'abord une somme de pressions verticales égales à 4F; mais la poulie supérieure de ce système, la plus voisine du sytème fixe, se trouve encore tirée de bas en haut avec la force F, par l'extrémité de la corde, qui s'y attache immédiatement, ce qui produit une résultante totale égale à 5F. En général, l'analyse des pressions et des tractions que la corde exerce sur les divers systèmes des poulies, tant mobiles que fixes, dont se composent tous les appareils de ce genre, donnera la mesure exacte et complète de leurs effets.

On voit qu'ils ont tous plus ou moins la propriété d'augmenter l'effort primitif de la puissance, ce qu'ils font en compensant sa faiblesse par la plus grande longueur d'espace qu'ils lui donnent à décrire pour élever la résistance à une hauteur donnée. Nous avons remarqué dans le levier, le plan incliné et la vis, une compensation analogue. Elle a lieu généralement dans toutes les machines, quelque simples ou composées qu'elles puissent être. Mais, outre cet inconvénient d'un grand déplacement de la puissance, l'emploi des moufles comme multiplicateur des forces est encore bien plus promptement limité par la raideur des cordes, qui, résistant à s'enrouler autour des diverses poulies dont ces appareils se composent, exigent qu'une partie de la force se dépense pour les y contraindre ; et cette portion perdue pour l'effet utile est d'autant plus considérable que les poulies combinées sont en plus grand nombre.

FIN.

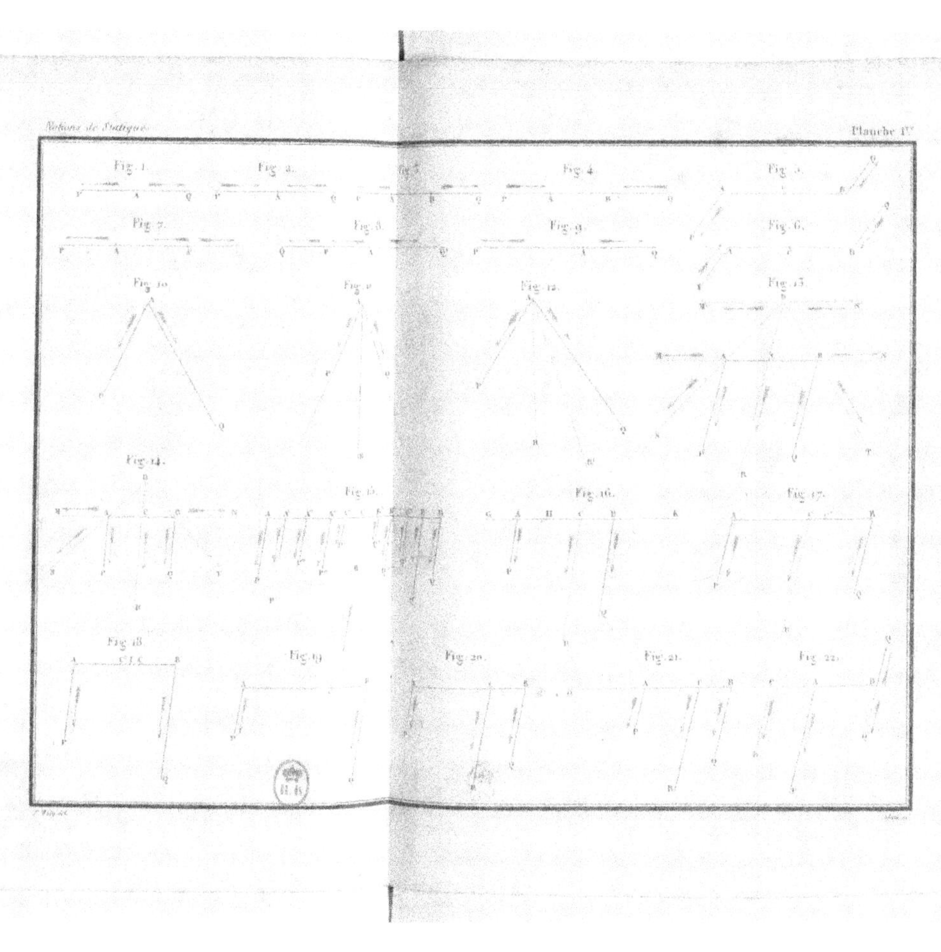

Fig. 1.
Fig. 2.
Fig. 3.
Fig. 4.
Fig. 5.
Fig. 7.
Fig. 8.
Fig. 9.
Fig. 6.
Fig. 10.
Fig. 11.
Fig. 12.
Fig. 13.
Fig. 14.
Fig. 15.
Fig. 16.
Fig. 17.
Fig. 18.
Fig. 19.
Fig. 20.
Fig. 21.
Fig. 22.

Fig. 23.
Fig. 24.
Fig. 25.
Fig. 26.
Fig. 27.
Fig. 28.
Fig. 29.
Fig. 30.
Fig. 31.
Fig. 32.
Fig. 33.
Fig. 34.
Fig. 35.
Fig. 36.
Fig. 37.
Fig. 38.
Fig. 39.
Fig. 40.
Fig. 41.

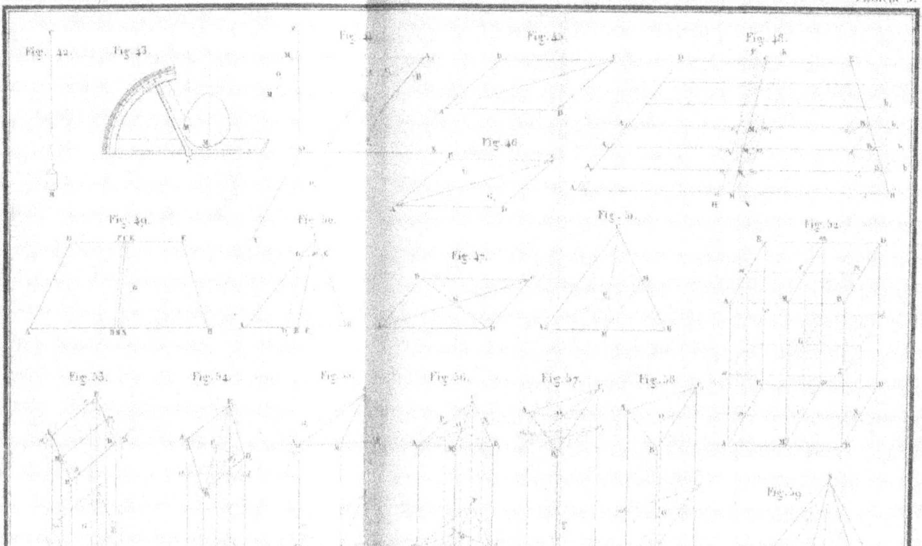

Fig. 42. Fig. 43. Fig. 44. Fig. 45. Fig. 48.

Fig. 46.

Fig. 49. Fig. 50. Fig. 51. Fig. 52.

Fig. 47.

Fig. 53. Fig. 54. Fig. 55. Fig. 56. Fig. 57. Fig. 58.

Fig. 59.

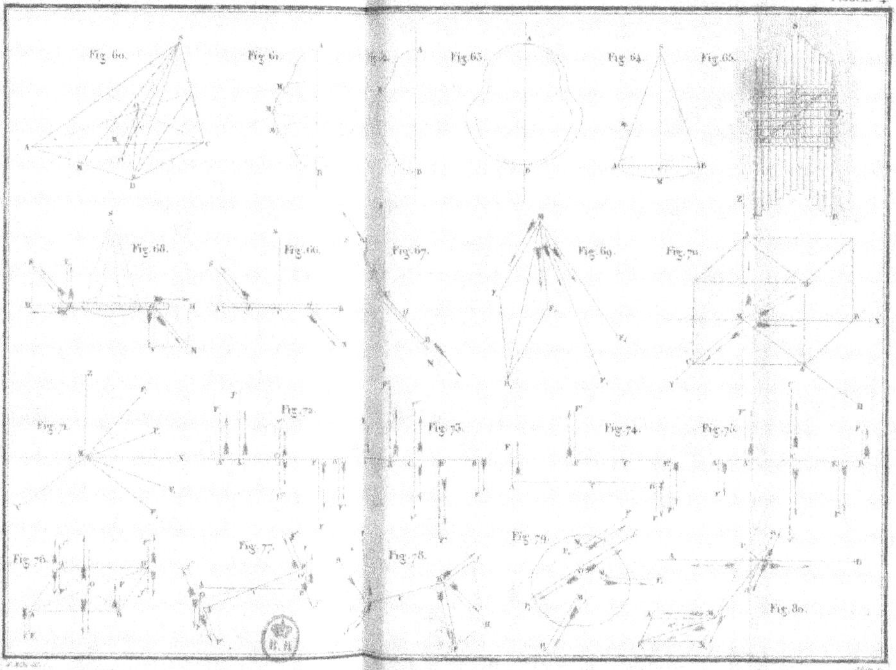

Fig. 60. Fig. 61. Fig. 62. Fig. 63. Fig. 64. Fig. 65.

Fig. 68. Fig. 66. Fig. 67. Fig. 69. Fig. 70.

Fig. 71. Fig. 72. Fig. 73. Fig. 74. Fig. 75.

Fig. 76. Fig. 77. Fig. 78. Fig. 79. Fig. 80.

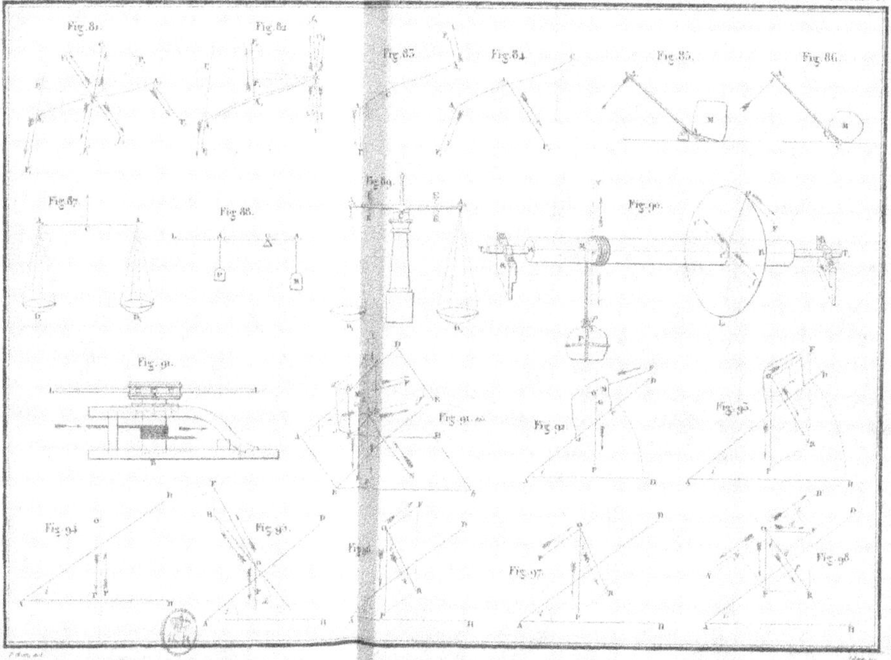

Fig. 81.

Fig. 82.

Fig. 83.

Fig. 84.

Fig. 85.

Fig. 86.

Fig. 87.

Fig. 88.

Fig. 89.

Fig. 90.

Fig. 91.

Fig. 91 bis.

Fig. 92.

Fig. 93.

Fig. 94.

Fig. 95.

Fig. 96.

Fig. 97.

Fig. 98.

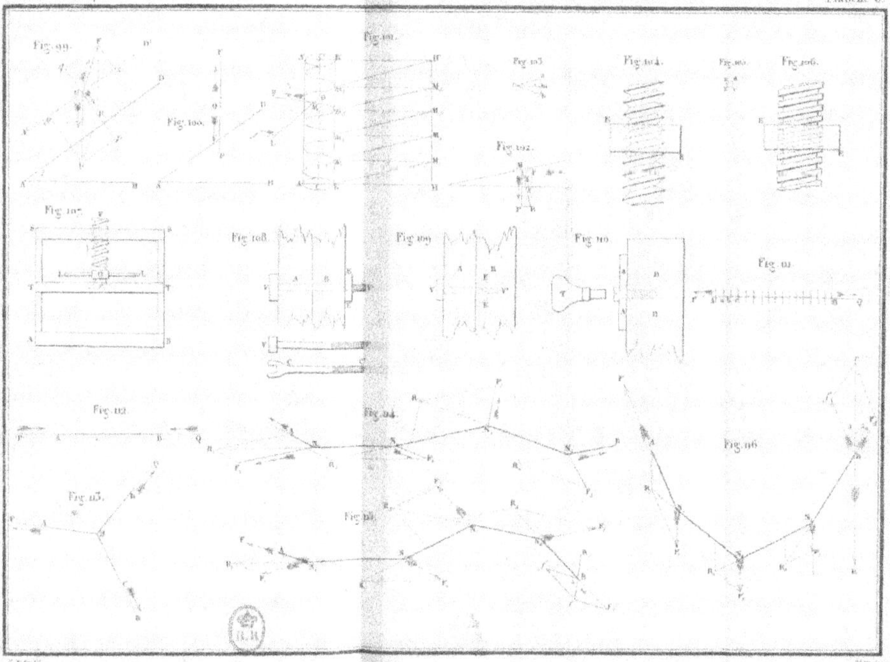

Fig. 99.
Fig. 100.
Fig. 101.
Fig. 102.
Fig. 103.
Fig. 104.
Fig. 105.
Fig. 106.
Fig. 107.
Fig. 108.
Fig. 109.
Fig. 110.
Fig. 111.
Fig. 112.
Fig. 113.
Fig. 114.
Fig. 115.
Fig. 116.

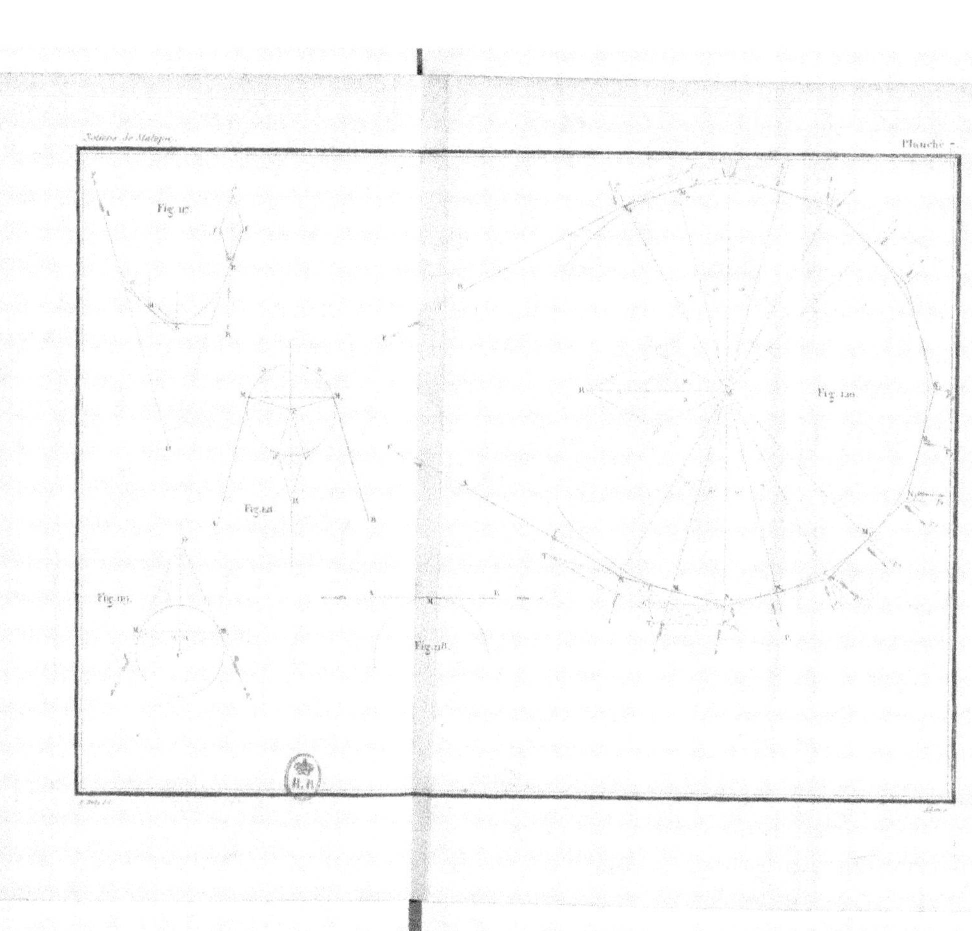
Fig. 117.
Fig. 119.
Fig. 118.
Fig. 120.

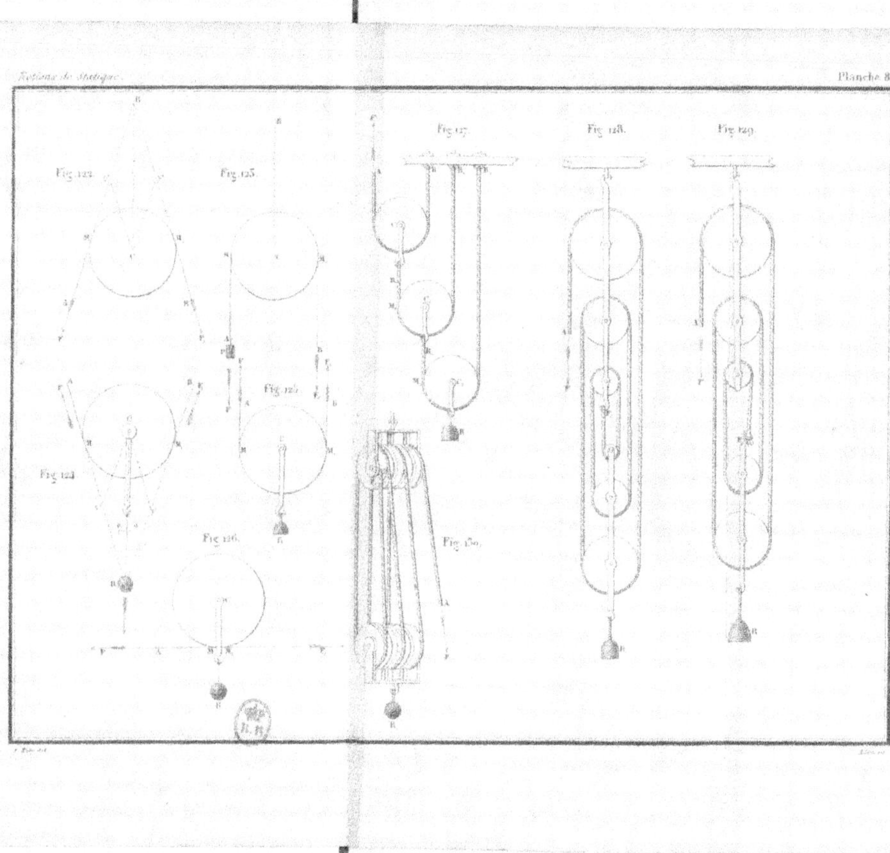
Fig. 124.
Fig. 125.
Fig. 126.
Fig. 127.
Fig. 128.
Fig. 129.
Fig. 130.
Fig. 123.